全国高等学校（安徽考区）计算机水平考试一级配套教材 ｜ 总主编 郑尚志

信息技术
基础模块

主　编◎李京文　黄存东　尹　蓉　李成学

副主编◎薄　杨　徐祥辉　鲁　玮　张俊峰

　　　　彭　强　唐中海　徐　伟　朱正国

　　　　张业文

科学出版社

内 容 简 介

本书按照教育部《高等职业教育专科信息技术课程标准（2021 年版）》要求进行编写，与《信息技术（拓展模块）》配套使用。《信息技术（基础模块）》以 Windows 10 + Office 2016 为平台，全面介绍 Word 2016、Excel 2016、PowerPoint 2016 的基本应用，并介绍信息检索、新一代信息技术概述、信息素养与社会责任等内容；《信息技术（拓展模块）》介绍信息安全、项目管理、机器人流程自动化、程序设计基础、大数据、人工智能、云计算、现代通信技术、物联网、数字媒体、虚拟现实及区块链等内容。本书内容以任务描述为切入点，深入浅出、通俗易懂、实用性强。

本书可作为高等职业教育院校普及计算机知识的通识课程教材，也可作为计算机相关行业从业者的参考用书。

图书在版编目（CIP）数据

信息技术：基础模块/李京文等主编. —北京：科学出版社，2022.8
ISBN 978-7-03-072778-7

Ⅰ. ①信… Ⅱ. ①李… Ⅲ. ①电子计算机 Ⅳ. ①TP3

中国版本图书馆 CIP 数据核字（2022）第 131716 号

责任编辑：赵丽欣 / 责任校对：马英菊
责任印制：吕春珉 / 封面设计：东方人华平面设计部

科 学 出 版 社 出版
北京东黄城根北街 16 号
邮政编码：100717
http://www.sciencep.com
三河市骏杰印刷有限公司印刷
科学出版社发行　　各地新华书店经销
*
2022 年 8 月第 一 版　　开本：889×1194　1/16
2022 年 8 月第一次印刷　　印张：15
字数：360 000

定价：46.00 元
（如有印装质量问题，我社负责调换〈骏杰〉）
销售部电话 010-62136230　编辑部电话 010-62134021

编 委 会

顾　　问：胡学钢

主　　任：郑尚志

副 主 任：李京文　张玉荣　　黄存东　尹蓉　李成学　吕宗明

　　　　　鲁　兵　邹汪平

编委成员：黄谊拉　魏化永　杨云霞　殷冬梅　苏文明　徐多蔚

　　　　　刘仲玺　毋　娟　许　鹏　张志红　史　丽　俞永飞

　　　　　冉兆昶　张　志　龚　炳　张　轶　方　杰　李　波

　　　　　傅贤举　于学峰　张　诚　薄　杨　徐祥辉　鲁　玮

　　　　　张俊峰　彭　强　徐　伟　唐中海　朱正国　方少卿

　　　　　蔡正保　张　冬　汪永成　郑　丹　万　进　张小奇

　　　　　胡　敏　吴艺妮　吴晓晨　张业文　魏子媛

前　言

随着信息技术的飞速发展和广泛应用，信息技术已成为经济社会转型发展的主要驱动力，是建设创新型国家、制造强国、网络强国、数字中国、智慧社会的基础支撑。信息技术对提升国民信息素养，增强个体在信息社会的适应力与创造力，对个人的生活、学习和工作，对全面建设社会主义现代化国家具有重大意义。高等职业教育专科信息技术课程是各专业学生必修或限定选修的公共基础课程。学生通过学习本课程，能够增强信息意识、提升计算思维、促进数字化创新与发展能力、树立正确的信息社会价值观和责任感，为其职业发展、终身学习和服务社会奠定基础。

本书按照教育部最新发布的《高等职业教育专科信息技术课程标准（2021 年版）》要求进行编写。在内容组织上着力突出职业教育的类型特点，基于信息技术核心素养组织素材，适度选取包含信息技术最新成果及发展趋势的内容。本书通过丰富的教学内容和多样化的教学形式，帮助学生认识信息技术对人类生产、生活的重要作用，了解现代社会信息技术发展趋势，理解信息社会特征并遵循信息社会规范；使学生掌握常用的工具软件和信息化办公技术，了解大数据、人工智能、区块链等新兴信息技术，具备支撑专业学习的能力，能在日常生活、学习和工作中综合运用信息技术解决问题；使学生拥有团队意识和职业精神，具备独立思考和主动探究能力，为学生职业能力的持续发展奠定基础。

本书与《信息技术（拓展模块）》配套使用。《信息技术（基础模块）》分为 6 个单元：前 3 个单元以 Windows 10 + Office 2016 为平台，全面介绍 Word 2016、Excel 2016、PowerPoint 2016 的基本应用，后 3 个单元介绍信息检索、新一代信息技术概述、信息素养与社会责任等内容；《信息技术（拓展模块）》分为 12 个单元，分别介绍信息安全、项目管理、机器人流程自动化、程序设计基础、大数据、人工智能、云计算、现代通信技术、物联网、数字媒体、虚拟现实及区块链等内容。基础模块是学生提升信息素养的基础，拓展模块是学生深化对信息技术的理解、拓展职业能力的基础。

本书由高职高专院校长期从事信息技术基础教学的一线教师和来自知名 IT 企业的工程师联合编写。

由于编者水平有限，书中难免有疏漏和不妥之处，敬请广大读者批评指正。

言　前

目 录

1 单元

Word 2016 电子文档应用

单元导读

Office 2016 由微软公司开发，与其他版本相比，在功能、兼容性和稳定性方面取得了明显的进步。Word 2016 作为 Office 2016 中文版套装中的文字处理软件，主要用于书面文档的编写、编辑的全过程。初级或高级用户在文档处理过程中所需实现的各种排版输出效果，都可以借助 Word 软件提供的功能轻松实现。

本单元详细介绍 Word 2016 的使用方法，包括基本操作、版面设计、表格的制作和处理、图文混排、模板与样式的使用等内容。

任务 1.1　制 作 通 知

▢ 任务描述

　　小李大学刚毕业,目前在信息学院学生党支部从事文秘工作,需要经常起草、撰写、发布各种通知、公告等日常办公文件。近期,学院学生党支部要召开预备党员转正会议,需要撰写一份通知。

　　小李通过上网查阅,了解到撰写会议性通知,重点是把会议的目的、名称、内容、参会人员、会议时间、会议地点写清楚,写准确。在与学院相关人员进行了深入沟通后,小李用 Word 2016 拟定了这份通知,并进行了排版,最终呈现出的效果如图 1.1.1 所示。

图 1.1.1

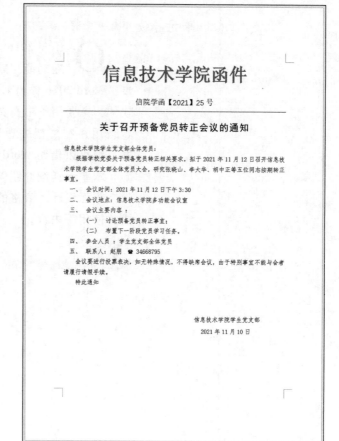

图 1.1.1　通知

▢ 任务分析

▶ 任务技能目标

通过本次任务,掌握以下技能:

(1)掌握 Word 2016 文字处理软件的创建、打开、输入、复制、保存、打印预览和打印等基本操作；

（2）熟练使用 Word 2016 对文档进行文本编辑、字符格式设置、段落格式设置和页面设置；

（3）熟悉文档不同视图和导航任务窗格的使用，掌握文本查找和替换的方法。

▶ 核心知识点

文本的输入、编辑，字符格式设置，文本查找和替换，段落格式设置，打印预览和打印，页面设置

⬚ 任务实现

1.1.1　新建 Word 文档

单击任务栏上的"开始"按钮，在打开的"开始"菜单中选择"Word"应用程序，或双击桌面上的 Word 快捷图标 ，启动 Word 2016，打开 Word 窗口，如图 1.1.2 所示，此时系统自动创建了一个名为"文档 1"的空白文档。

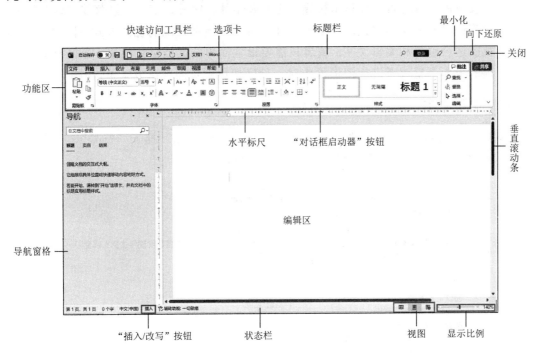

图 1.1.2　Word 2016 窗口界面

窗口中的功能区由各选项卡和命令组成，单击不同的选项卡即可显示相应的命令按钮集合。单击某个按钮，可以直接执行与它对应的命令。如果想知道某个按钮的名称，可以把鼠标指针指向该按钮停留片刻，在按钮下方就会出现一个小方框，显示该按钮的名称和功能。

虽然 Word 的大多数功能都可以在功能区上找到，但仍有一些设置项目需要用到对话框。单击功能区中选项组的"对话框启动器"按钮 ，即可打开该选项组对应的对话框或任务窗格。

小 贴 士

新建 Word 文档的其他方法：

（1）在电脑桌面空白处右击，在弹出的快捷菜单中选择"新建"→"Docx 文档"。

（2）在 Word 窗口中，选择"文件"→"新建"→"空白文档"。

（3）在 Word 窗口中，单击"快速访问工具栏"中的"新建"按钮。

（4）在 Word 窗口中，按快捷键 Ctrl + N。

为了扩展使用文档的方式，Word 提供了 5 种视图（图 1.1.2 中显示了常用的 3 种视图按钮）。单击状态栏右侧的视图按钮，或者在"视图"选项卡的"视图"选项组中，单击某个视图按钮，可以启用相应的视图。

- 阅读视图以书面翻展的样式显示 Word 文档，快速访问工具栏、功能区等窗口元素被隐藏起来，可以利用最大的空间来阅读或批注文档。

- 页面视图是最接近打印效果的文档显示方式。在页面视图下，可以看到文档的外观、图形对象、页眉和页脚、背景、多栏排版等在页面上的效果，因此对文本、格式、版面和外观等的修改操作适合在页面视图中完成。

- Web 版式视图主要用于编辑 Web 页。如果选择显示 Web 版式视图，编辑窗口将显示文档的 Web 布局效果。

- 大纲视图主要用于显示、修改和创建文档的大纲。大纲视图将所有的标题分级显示出来，层次分明，利于长文档的快速浏览和设置。大纲视图中不显示页边距、图形对象、页眉和页脚、背景等。进入大纲视图后，功能区中出现"大纲显示"选项卡，其中的"大纲工具"可对文档内容按标题进行升降级、调整前后位置、折叠隐藏等。

- 草稿即 Word 软件早期版本中的"普通视图"，它取消了页面边距、分栏、页眉和页脚及图片等元素，仅显示标题、正文及字体、字号、字形、段落缩进以及行间距等最基本的文本格式，是最节省计算机系统硬件资源的视图方式。因此，草稿视图适合输入和编辑文字，或者只需要设置简单的文档格式使用。当需要进行准确的版面调整或者进行图形操作时，最好切换到页面视图方式下进行。

1.1.2 输入文本

本任务文本内容可以通过键盘及软键盘输入、复制/粘贴、插入"符号"、插入"日期和时间"等方式来获得，具体情况如图 1.1.3 所示。

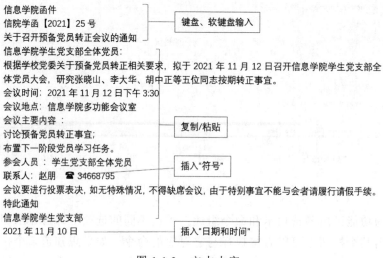

图 1.1.3 文本内容

1. 键盘输入

输入文本时，首先要定位插入点。插入点即光标（不断闪烁的黑色竖线）所在的位置，它表示从键盘上输入内容的位置，输入的内容显示在插入点的后面。用鼠标单击或按键盘上的光标移动键，可以改变插入点。Word 还有"即点即输"功能，即在页面的有效范围内的任何空白处双击，插入点便被定位于该处。

启动 Word 后，光标位于编辑区的左上角。选择一种中文输入法，先不必考虑格式，顶格输入"信息学院函件"，然后按 Enter 键，另起一段，这时会在段尾产生一个段落结束标记 ↵ 。如果段内文字比较多，到达行尾时会自动换行。

Word 2016 提供两种编辑状态，即插入和改写，默认是插入状态。处于插入状态时，在插入点输入文本，插入点后面的文本会后移；在改写状态下，新的文本会替代插入点后面原有的文本。单击状态栏上的"插入/改写"按钮或按 Insert 键可以切换这两种状态。

在输入过程中，如果发现有错误，可以按 Delete 键逐个删除插入点右边的字符；按 Backspace 键逐个删除插入点左边的字符。若要删除的内容较多时，可先选定这段文字，再按 Delete 键删除。

我们在编辑文档时难免会出现误操作，可以单击快速访问工具栏中的"撤销"按钮或按快捷键 Ctrl+Z，将误操作予以撤销。每执行一次"撤销"操作，就有一个对应的"恢复"操作，用户可以按"恢复"按钮或按快捷键 Ctrl+Y 来恢复被撤销的操作。

2. 软键盘输入

有些符号并不显示在键盘上，可以使用输入法工具栏上的"软键盘"来输入。

（1）右击"输入法"工具栏上的"软键盘"按钮 ⌨ ，在弹出的快捷菜单中选择类别，这里选择"标点符号"，如图 1.1.4 所示。

（2）参照图 1.1.3 定位插入点，然后分别单击软键盘上的 "【"和"】"符号进行输入。

（3）单击"软键盘"窗口右上角的"关闭"按钮，关闭软键盘。

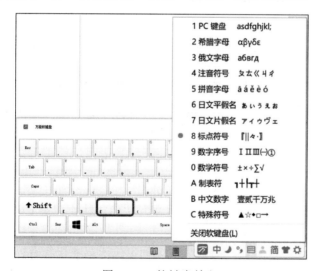

图 1.1.4 软键盘输入

3. 复制文字

（1）双击"通知（复制文字）.docx"文档，或在 Word 窗口中选择"文件"→"打开"菜单命令，或单击"快速访问工具栏"中的"打开"按钮，或按快捷键 Ctrl + O，会出现如图 1.1.5 所示的界面，选择"浏览"，在弹出的"打开"对话框中选择"通知（复制文字）.docx"文档，如图 1.1.6 所示，单击"打开"按钮，打开此文档。

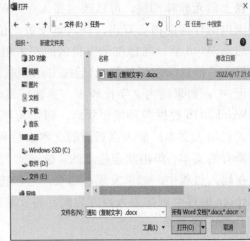

图 1.1.5　打开文件　　　　　　　图 1.1.6　"打开"对话框

（2）在打开的"通知（复制文字）.docx"文档中，按快捷键 Ctrl+A，选取所有文本内容。

对文档的内容进行编辑操作时，要遵循"先选定，后操作"的原则。Word 中可以使用鼠标和键盘来选取内容。表 1.1.1 列出了常用的用鼠标选取内容的方法。

表 1.1.1　常用的用鼠标选取内容的方法

选取内容	鼠标操作
连续字符	按住鼠标左键拖动
大块连续字符	先单击所选字符的起始处，再按住 Shift 键不放，单击结束处
一个单词或一个中文字/词	双击要选定的字/词
一个句子	按住 Ctrl 键，单击该句子
一行	将鼠标移到该行左侧的选择栏，鼠标指针变为"⏶"时单击
多行	先选择一行，同时向上或向下拖动鼠标
一个段落	在该段落左侧的选择栏处双击；或在该段落内任意处三击
多个段落	先选择一个段落，同时往上或往下拖动鼠标
矩形字符块（列块）	按住 Alt 键，同时拖动鼠标
一个图形	单击该图形
整篇文档	将鼠标移到文档左侧的选择栏，鼠标指针变为"⏶"时三击，或按快捷键 Ctrl+A

选择栏位于文本编辑区左侧的空白区域处。

（3）单击"开始"→"剪贴板"→"复制"按钮或按快捷键 Ctrl+C，将文字复制到剪贴板中。

（4）切换到"文档 1"窗口，将插入点光标定位于第 4 段行首。

（5）单击"开始"→"剪贴板"→"粘贴"按钮或按快捷键 Ctrl+V，将文本内容粘贴到当前位置。

小贴士

执行粘贴操作时，会出现"粘贴选项"，依次为：
- 保留源格式，表示源文件内容格式在目标内容上继续使用。
- 合并格式，表示目标内容的格式采用当前文档的格式，摒弃原来的格式。
- 只保留文本，表示目标内容只有文本，没有格式。

4. 插入符号

大部分符号和特殊字符需要在"符号"对话框中插入。

（1）参照图 1.1.3，将插入点光标定位于电话号码"34668795"前。

（2）单击"插入"→"符号"→"符号"按钮，选择"其他符号"，打开"符号"对话框，如图 1.1.7 所示。然后单击"字体"框右边的下拉按钮，在下拉列表中选择 Wingdings，选择"☎" 符号，单击"插入"按钮，再单击"关闭"按钮关闭对话框。

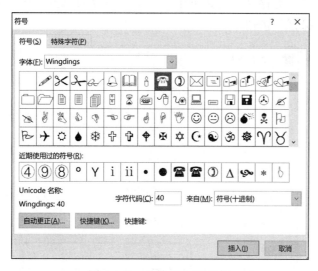

图 1.1.7 "符号"对话框

5. 插入系统日期

参照图 1.1.3，将插入点光标定位于最后一个空段，单击"插入"→"文本"→"日期和时间"按钮，打开"日期和时间"对话框，如图 1.1.8 所示，在"可用格式"列表框中选择所需格式，单击"确定"按钮。

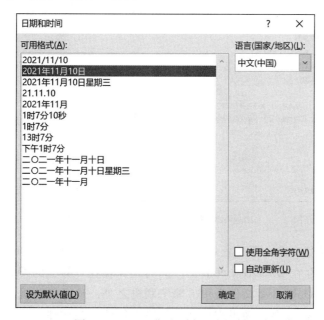

图 1.1.8 "日期和时间"对话框

1.1.3 保存文档

在输入文本内容的过程中，要及时把它保存到磁盘上，否则万一断电或系统死机，辛辛苦苦输入的文字就全没有了，所以大家要养成及时保存文件的好习惯。

选择"文件"→"保存"命令，或单击快速访问工具栏中的"保存"按钮，或按快捷键 Ctrl+S，均会出现如图 1.1.9 所示的界面，选择"浏览"，会打开"另存为"对话框，如图 1.1.10 所示，在"另存为"对话框中选择文件保存的位置，输入文件名，选择文件保存类型，单击"保存"按钮。

图 1.1.9　保存文件

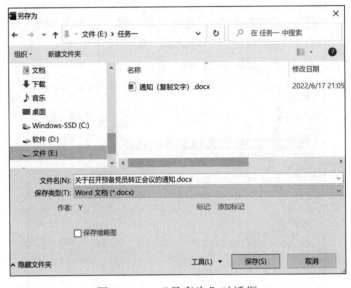

图 1.1.10　"另存为"对话框

如果想联机保存文档，要先登录 Office。在图 1.1.9 中选择"OneDrive"，即可将文档保存到云，即保存在 OneDrive.com 上，同时还保存在计算机的 OneDrive 文件夹中。通过将文档存储在 OneDrive 文件夹中，除了联机之外，还可以脱机工作。

对于新文件，Word 会自动用文档开头的第一句话作为文件名，并显示在"文件名"

框中。如果对这个文件名不满意，可以在"文件名"框中输入新文件名，这里输入"关于召开预备党员转正会议的通知"。

默认的文件保存类型是"Word 文档"，其扩展名为 docx，图标为 图。可以单击"保存类型"下拉按钮，在打开的下拉列表中选择文件类型。文件成功保存之后，窗口标题栏上的文件名就变成了"关于召开预备党员转正会议的通知.docx"。

文档只有在第一次保存时才会出现"另存为"对话框，对已经保存过的文档进行修改或补充后，再单击"保存"按钮时，将不再出现"另存为"对话框，而是直接把修改后的结果保存起来。

小 贴 士

为避免死机、突然停电等意外故障给工作造成损失，可以设置"自动保存"功能。选择"文件"→"选项"，打开"Word 选项"对话框，选择"保存"选项卡，选中"保存自动恢复信息时间间隔"复选框，并在其右边的数值框中输入自动保存的间隔时间，如图 1.1.11 所示，单击"确定"按钮，完成"自动保存"功能设置。

图 1.1.11　自动保存设置

1.1.4　为文档设置密码

为了避免文档被别人修改，可以给这个文档加上密码保护。加了密码的文档，无论谁要打开它，都必须输入正确的密码。

单击"文件"→"信息"→"保护文档"→"用密码进行加密"命令，打开"加密文档"对话框，输入密码，单击"确定"按钮，在随后弹出的"确认密码"对话框中再次输入刚才设置的密码，如图 1.1.12 所示，单击"确定"按钮，返回 Word 窗口，单击"保存"按钮，为文档设置密码的操作就完成了。

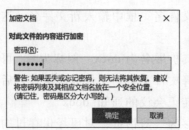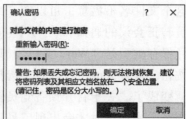

图 1.1.12 加密文档

1.1.5 设置字符格式

字符格式可以使用"开始"选项卡里的"字体"选项组中的命令按钮以及"字体"对话框两种方法进行设置。"字体"选项组中包含了最基本、最常用的设置字符格式的命令，如图 1.1.13 所示。"字体"对话框可以进行更多的格式设置，比如设置着重号、双删除线、字符间距和字符缩放等。

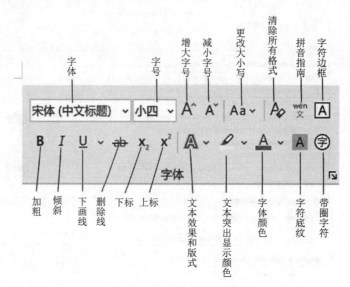

图 1.1.13 "字体"选项组中的命令按钮

 实践与体验

请按照图 1.1.14 所示的字符格式设置效果图进行练习。

图 1.1.14

图 1.1.14 字符格式设置效果

将"信息学院函件"设置为"宋体、小初、加粗、标准色-红色"；将"信院学函【2021】

25 号"设置为"宋体、小三";将通知标题"关于召开预备党员转正会议的通知"设置为"黑体、小二,字符间距加宽 1 磅"。

操作步骤如下:

(1) 选定"信息学院函件",单击"开始"选项卡"字体"选项组中的"字体"下拉按钮,在打开的下拉列表中选择"宋体";单击"字号"下拉按钮,在打开的下拉列表中选择"小初";单击"加粗"按钮;单击"字体颜色"下拉按钮,在打开的颜色列表中选择"标准色-红色",如图 1.1.15 所示。

图 1.1.15 设置字符格式

(2) 选定"信院学函【2021】25 号",单击"开始"→"字体"选项组右下角的"对话框启动器"按钮 ⬒;或者在选定的文本上右击,在打开的快捷菜单中选择"字体"命令,打开如图 1.1.16 所示的"字体"对话框,在"字体"选项卡中,设置字体为"宋体"、字号为"小三"。

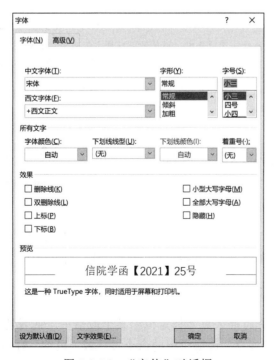

图 1.1.16 "字体"对话框

（3）选定标题"关于召开预备党员转正会议的通知"，设置"黑体、小二"；打开"字体"对话框，选择"高级"选项卡，单击"字符间距"栏中"间距"右端的下拉按钮，在弹出的下拉列表中选择"加宽"，单击"磅值"框右端的微调按钮，将间距调整到"1磅"，如图 1.1.17 所示，单击"确定"按钮。

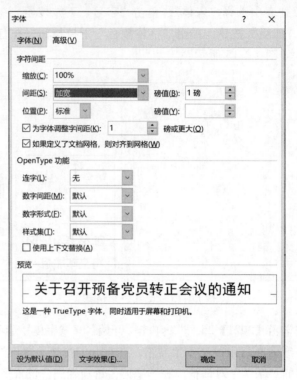

图 1.1.17 设置字符间距

<table>
<tr><td>小贴士</td></tr>
</table>

在"字体"对话框的"高级"选项卡中，不仅可以设置字符间距，还可以设置字符缩放和字符位置。

"缩放"：并不是字符整体都得到缩小或放大，只是在保持文本高度不变的情况下文本横向伸缩的百分比。

"位置"：可以设置文本相对于基线的垂直方向的位置。"提升"是相对于原来的基线，字符提升一定的磅值；"降低"是相对于原来的基线，字符降低一定的磅值。设置效果见图 1.1.18 示例。

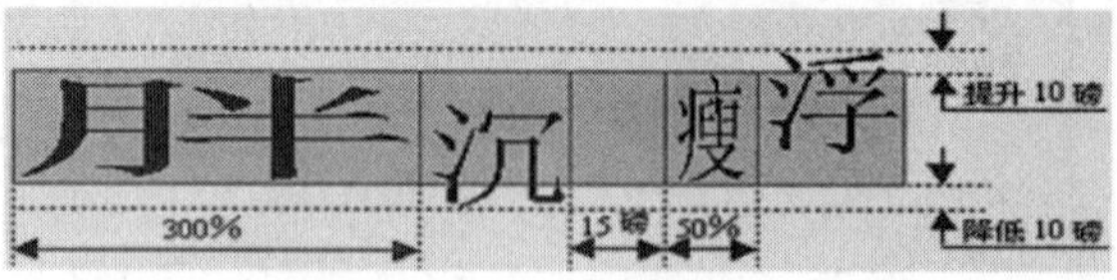

图 1.1.18 "位置"示例

（4）选定标题后的所有文字，设置格式为"仿宋、小四"。

1.1.6 设置段落格式

设置段落格式，首先将插入点光标定位于某个段落中，或者选定多个段落，然后使用"开始"选项卡里的"段落"选项组中的命令按钮或"段落"对话框进行设置。"段落"选项组中的各命令按钮名称如图 1.1.19 所示。

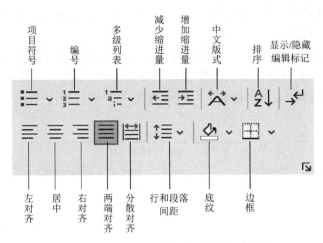

图 1.1.19　"段落"选项组中的命令按钮

（1）将"信息学院函件"设置为"居中对齐、段后间距 1 行"；将"信院学函【2021】25 号"设置为"居中对齐、行距 1.08 倍"；将通知标题"关于召开预备党员转正会议的通知"设置为"居中对齐，段前、段后间距各 14 磅，行距 1.08 倍"；将"信息学院学生党支部全体党员："至"特此通知"段落设置为"两端对齐、首行缩进 2 字符、行距固定值 20 磅"。

操作步骤如下：

① 选定第 1 段至第 3 段，单击"开始"→"段落"→"居中"按钮，如图 1.1.20 所示。

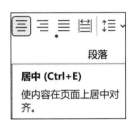

图 1.1.20　设置居中

小贴士

段落对齐方式是指内容边缘的对齐方式，包括以下 5 种：

- 左对齐：内容与左边距对齐，右边参差不齐。
- 居中对齐：内容居中排列。
- 右对齐：内容与右边距对齐，左边参差不齐。
- 两端对齐：默认设置，左右两端均对齐。当段落的最后一行不满一行时，内容左对齐。
- 分散对齐：左右两端均对齐。如果段落的最后一行不满一行时，将拉开字符间距使字符均匀分布。

② 段与段之间的距离称为段间距，可以在"段落"对话框中设置指定段落与上个段落和下个段落之间的距离。

将插入点光标定位于第 1 段中，单击"段落"选项组右下角的"对话框启动器"按钮 ，打开"段落"对话框，在"缩进和间距"选项卡的"间距"栏中，单击"段后"框右端的微调按钮，将段后间距调整成 1 行，如图 1.1.21 所示，单击"确定"按钮。

③ 行与行之间的距离称为行间距，简称行距。Word 会根据文章中的字号自动调整行距，默认行距是单倍行距。

选定第 2 段和第 3 段，单击"段落"选项组右下角的"对话框启动器"按钮 ，打开"段落"对话框，在"缩进和间距"选项卡中单击"行距"下拉按钮，在打开的行距列表中选择"多倍行距"，在"设置值"框中输入"1.08"，如图 1.1.22 所示，单击"确定"按钮。

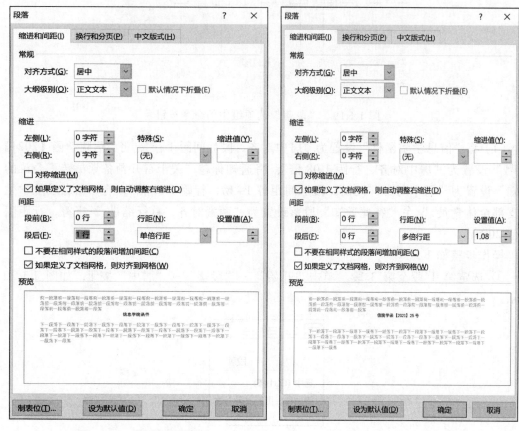

图 1.1.21 设置段后间距　　　　　图 1.1.22 设置行距

④ 选定第 3 段，打开"段落"对话框，在"间距"栏的"段前"和"段后"框中各输入"14 磅"，如图 1.1.23 所示，单击"确定"按钮。

图 1.1.23 设置段前、段后间距

⑤ 选定"信息学院学生党支部全体党员："至"特此通知"段落，打开"段落"对话框，设置对齐方式为"两端对齐"；单击"特殊"下拉按钮，选择"首行缩进"，缩进值为"2 字符"；行距设置"固定值 20 磅"，如图 1.1.24 所示，单击"确定"按钮。

在进行设置的过程中，经常要使用不同的度量单位。Word 中设置度量单位的方法是：选择"文件"→"选项"，打开"Word 选项"对话框，选择"高级"选项卡，在"显示"

图 1.1.24 设置对齐方式、首行缩进、行距

栏中设置度量单位为"厘米"或"磅"等。如需以"字符"为单位,则需选中"以字符宽度为度量单位"复选框,如图 1.1.25 所示。

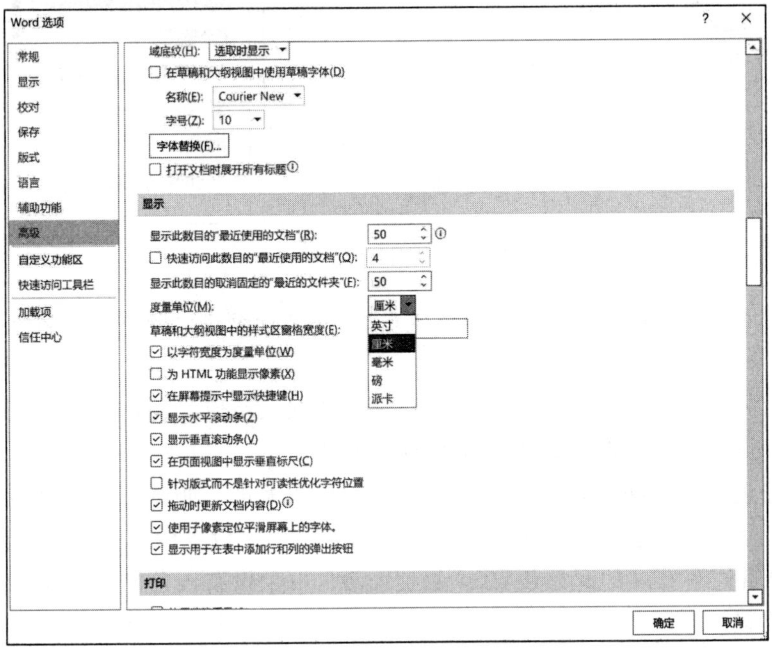

图 1.1.25 设置度量单位

（2）为第 2 段"信院学函【2021】25 号"设置"1.5 磅红色 RGB（255，0，0）单实线下边框"。

操作步骤如下：

① 选定第 2 段，单击"开始"→"段落"→"边框"下拉按钮，在打开的列表中选择"边框和底纹"命令，打开"边框和底纹"对话框。

② 在"边框"选项卡中，进行如下操作，如图 1.1.26 所示。

- 选择"设置"栏中的"方框"。
- 在"样式"列表框中设置边框的线型，选择"单实线"；单击"颜色"下拉按钮，在颜色下拉列表中，选择边框的颜色为"其他颜色"，打开"颜色"对话框，选择"自定义"选项卡，输入 RGB 值（255，0，0）；单击"宽度"下拉按钮，在弹出的下拉列表中设置边框线的宽度，选择"1.5 磅"。
- 在右侧的"预览"区域中，单击"上框线""左框线""右框线"按钮，取消对应的边框线，保留"下框线"。
- 单击"应用于"下拉按钮，在弹出的下拉列表中选择边框应用的范围，这里选择"段落"，单击"确定"按钮。

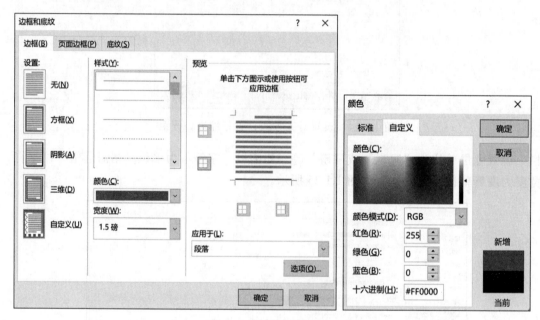

图 1.1.26 设置下框线

（3）取消"信息学院学生党支部全体党员："的首行缩进；调整单位名称和日期的左缩进。

编辑区上方有一个水平标尺，标尺上有刻度（默认单位是厘米）和缩进标记，使用水平标尺可以调整段落的左右边界，既直观又方便。

段落的缩进有首行缩进、左缩进、右缩进和悬挂缩进，如图 1.1.27 所示。"首行缩进"用于设置段落第 1 行左端的起始位置；"左缩进"用于设置段落左端的起始位置；"右缩进"用于设置段落右端的起始位置；"悬挂缩进"用于设置段落中除第 1 行以外其他行左端的起始位置。

图 1.1.27 缩进标记

将鼠标指针移到缩进标记上，拖动鼠标，在拖动过程中，编辑区会出现一条竖直虚线表示缩进的位置。按住 Alt 键不放拖动缩进标记，可以精确调整缩进的位置。

① 将插入点光标定位于第 4 段"信息学院学生党支部全体党员："中，将鼠标指针移到"首行缩进"标记上，按住鼠标左键向左拖动，当与"左缩进"标记位置相同时，松开左键。

② 将插入点光标定位于倒数第 2 段"信息学院学生党支部"中，拖动"左缩进"标记到适当位置后松开左键。

③ 将插入点光标定位于日期中，按住 Alt 键不放拖动"左缩进"标记，精细调整缩进位置。

（4）为段落"会议时间"至"联系人"加上"一、二、三……"样式的编号，使内容条理更清晰。

在文档中经常要使用条目性的文本，如报告提纲、讲座提纲或条目性的内容提要等，往往要给这些文本添加项目符号或编号，使文档条理和层次清楚，阅读者能一目了然。

选定需要添加或改变项目符号或编号的段落，单击"开始"→"段落"→"项目符号"或"编号"下拉按钮，从打开的下拉列表中选择一种项目符号或编号。

除了可以使用项目符号库中的符号，还可以自定义新项目符号。单击"开始"→"段落"→"项目符号"→"定义新项目符号"命令，打开"定义新项目符号"对话框，单击"符号""图片""字体"按钮可以进行自定义项目符号设置。

同样，也可以自定义新编号，单击"开始"→"段落"→"编号"→"定义新编号格式"命令，打开"定义新编号格式"对话框，对要添加的编号进行自定义设置。

创建多级列表与添加编号相似，但多级列表中每段的编号会根据缩进范围变化，最多可以生成有 9 个层次的多级列表。在多级项目列表的设置过程中，可以通过"增加缩进量"或"减少缩进量"来调整列表项到合适的级别。

对于创建了项目符号或编号的段落，再次单击"项目符号"或"编号"按钮，可以取消项目符号或编号。

操作步骤如下：

① 选定"会议时间"至"联系人"7 个段落，单击"开始"→"段落"→"编号"下拉按钮，在编号库中选择"一、二、三、"样式，如图 1.1.28 所示。

② 选定"讨论预备党员转正事宜"和"布置下一阶段党员学习任务"这 2 段，单

图 1.1.28　设置编号

击"开始"→"段落"→"增加缩进量"按钮 ；然后单击"编号"下拉按钮，在编号库中，选择"(一)(二)(三)"样式。

（5）调整单位和日期的段前、段后间距，使布局更合理。

① 将插入点光标定位于"信息学院学生党支部"段落中，设置段前间距为"3.5 行"。

② 将插入点光标定位于日期中，设置段前间距为"0.5 行"。

1.1.7　查找替换

将文档中的"信息学院"替换成"信息技术学院"。

（1）单击"开始"→"编辑"→"替换"按钮，打开"查找和替换"对话框，如图 1.1.29 所示。

（2）在"查找内容"框中输入"信息学院"，在"替换为"框中输入"信息技术学院"。

（3）单击"全部替换"按钮完成替换。

（4）单击"关闭"按钮关闭"查找和替换"对话框。

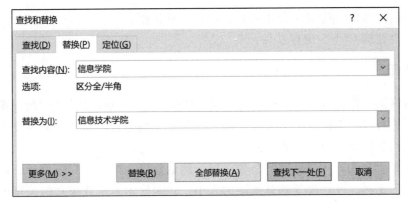

图 1.1.29　替换

1.1.8　页面设置

对文档进行页面设置，设置纸张大小为 A4，页边距为上 3.8 厘米、下 3.6 厘米、左右各 2.7 厘米，纸张方向为纵向，页眉距边界 1.6 厘米、页脚距边界 1.8 厘米。

操作步骤如下：

（1）单击"布局"→"页面设置"选项组的"对话框启动器"按钮，打开"页面设置"对话框，如图 1.1.30 所示。

图 1.1.30　页面设置

> **小贴士**
>
> "页面设置"对话框中有 4 个选项卡。在"页边距"选项卡中，可以设置版面内容与纸张上、下、左、右边缘的距离，还可以设置纸张方向（纵向或横向）；在"纸张"选项卡中可以设置纸张规格；在"布局"选项卡中可以设置节的起始位置、页眉页脚与纸张边缘的距离；在"文档网格"选项卡中可以设置每 1 页的行数和文字的排列方向等。

（2）在"纸张"选项卡中，单击"纸张大小"下拉按钮，在下拉列表中选择"A4"。若"纸张大小"列表中没有所需的纸张，可以选择"自定义大小"，在"宽度"和"高度"框中自己定义纸张的大小。

（3）在"页边距"选项卡的"页边距"栏中，在"上"数值框中输入"3.8 厘米"，"下"数值框中输入"3.6 厘米"，"左"和"右"数值框中分别输入"2.7 厘米"；在"纸张方向"栏中选择"纵向"。

（4）在"布局"选项卡的"页眉和页脚"栏中，设置页眉、页脚距边界的值，页眉为"1.6 厘米"、页脚为"1.8 厘米"。

（5）单击"确定"按钮，关闭"页面设置"对话框。

（6）按快捷键 Ctrl+S 保存文件。

1.1.9 打印

文档的修饰工作完成后，就可以把文档打印出来了。Word 强大的"所见即所得"功能，给文档的打印工作提供了极大的便利。为确保文档的打印质量，需要使用打印预览功能预览文档的打印效果。如果满意，将文档打印 2 份。

（1）选择"文件"→"打印"命令，显示预览效果，如图 1.1.31 所示。调整预览区右下方的显示比例，可以改变预览视图的大小，达到显示多页或单页的预览效果。

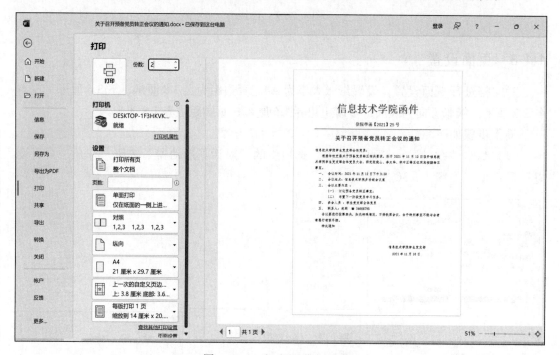

图 1.1.31　打印预览与打印

（2）选择打印机并确认打开，纸张放好，准备就绪后，进行打印设置，将打印份数设置为"2"。

（3）单击左上角的"打印"按钮，开始打印文档。

（4）打印完成后，单击窗口右上角的"关闭"按钮，或选择"文件"→"关闭"命令，关闭文档窗口。

📖 知识拓展

1. 查找和替换

利用 Word 提供的查找和替换功能，可以很方便地在文档中查找字符，或查找带有指定格式的字符；还可以把文档中多次出现的字符，替换成更贴切的字符。

1）使用"导航"窗格查找

选中"视图"→"显示"→"导航窗格"复选框，打开"导航"窗格，在"导航"

窗格的搜索框中输入需要查找的内容，Word 2016 会用黄色背景将在文档中找到的所有内容突出显示出来，如图 1.1.32 所示。

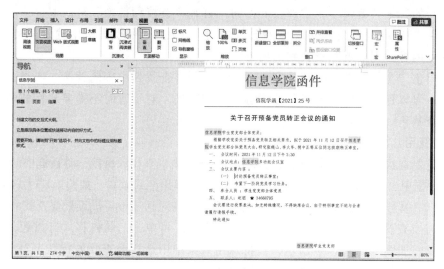

图 1.1.32 使用"导航"窗格查找

2）使用"查找和替换"对话框查找

使用"查找和替换"对话框查找文本，可以对文档内容一处一处地进行查找，灵活性比较大。

（1）单击"开始"→"编辑"→"查找"下拉按钮→"高级查找"命令，打开"查找和替换"对话框。

（2）在"查找内容"框中输入要查找的内容，如图 1.1.33 所示。如果之前已经进行过查找操作，也可以从"查找内容"下拉列表中选择。

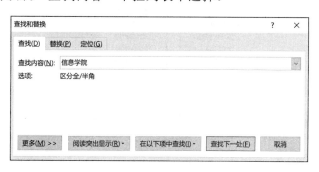

图 1.1.33 查找

（3）按 Enter 键或单击"查找下一处"按钮，Word 就会从光标处开始查找，如果找到，就把找到的内容用灰色底纹显示出来，并暂停查找，再单击"查找下一处"则继续向下查找。单击"取消"按钮则结束查找，返回文档窗口，此时光标停留在当前查找到的文本处。

（4）所有相匹配的文本查找完毕后，会弹出"搜索完毕"对话框，显示查找结果。若查找的文本不存在，将弹出"未找到结果"提示框。

3）替换文本

替换文本是指将文档中查找到的文本用新文本替代。在进行查找和替换时，可以先选定要查找替换的范围。

（1）单击"导航"窗格搜索栏右侧的下拉按钮，在弹出的菜单中选择"替换"命令，或单击"开始"→"编辑"→"替换"按钮，打开"查找和替换"对话框。

（2）在"查找内容"框中输入要被替换的内容，在"替换为"框中输入替换的内容。如果不输入内容，则是删除查找到的内容。

（3）单击"全部替换"按钮，完成对选区内所有查找到内容的替换。如果要进行选择性替换，可以连续单击"替换"按钮逐一进行替换，对于暂时不需要替换的内容，可以单击"查找下一处"按钮略过。

4）高级用法

如果需要查找和替换有特定格式的文本，可以单击"查找和替换"对话框中的"更多"按钮，对话框中出现更多选项。单击"格式"按钮，弹出格式菜单，如图 1.1.34（a）所示。在格式菜单中单击某一选项，将弹出相关的对话框，在对话框中可以设置要查找的格式。

如果需要查找替换特殊字符和不可打印的字符，可单击"特殊格式"按钮，弹出特殊格式菜单，如图 1.1.34（b）所示。在特殊格式菜单中选择要查找的特殊字符类型，该字符类型会自动填入"查找内容"和"替换为"框中。

（a）　　　　　　　　　　　　　　　（b）

图 1.1.34 "查找和替换"高级设置

使用通配符"?"可以进行模糊查找，"?"代表任意一个字符。如果在"查找内容"框中输入"学生?支部"，则 Word 会将所有长度是 5 且以"学生"开始、"支部"结尾的文字都查找出来，比如"学生党支部"和"学生团支部"等。

2. 首字下沉

首字下沉包括"下沉"与"悬挂"两种效果。"下沉"的效果是将某段的第一个字符放大并下沉，字符置于页边距内；而"悬挂"是字符下沉后将其置于页边距之外。

将插入点置于段落中，单击"插入"→"文本"→"首字下沉"按钮，从下拉菜单中选择"下沉"或"悬挂"选项；或者单击"首字下沉选项"命令，将弹出"首字下沉"
对话框，可以设置下沉行数、下沉字符的字体、距正文
的距离，如图 1.1.35 所示。

如果要取消首字下沉，在"首字下沉"对话框中选
择"无"。

图 1.1.35　"首字下沉"对话框

3. 格式的复制与清除

1）格式的复制
格式刷可以用来复制字符格式或段落格式。方法是：
（1）选定含有格式的文本或段落。
（2）单击"开始"→"剪贴板"→"格式刷"按钮，
此时鼠标指针变成刷子形状🖌。
（3）拖动鼠标去刷要应用此格式的文本或段落。
注意：复制段落格式时，选定的内容一定要包含段落标记符。
若想多次反复刷，可双击"格式刷"按钮，再依次去刷要应用此格式的文本或段落，
最后单击"格式刷"按钮或按 Esc 键退出格式刷状态。
2）格式的清除
选定要清除格式的文本内容，单击"开始"→"字体"→"清除所有格式"按钮，
即可清除文本内容的所有格式。

4. 中文版式

有时我们需要为选定的字符设置一些比较特殊的格式。比如在"字体"选项组中单
击"拼音指南"按钮可以为所选汉字加注拼音；单击"带圈字符"按钮，可以为选定的
字符添加圈号；在"段落"选项组中单击"中文版式"按钮，在打开的下拉菜单中可以
设置"纵横混排""合并字符""双行合一"。
- 纵横混排：能使横向排版的文本在原有的基础上向左旋转 90°。
- 合并字符：能使所选的字符（最多 6 个）排列成上、下两行，合并成一个字符。
- 双行合一：能使所选的字符排列成上、下两部分，在同一行中显示。

实践与体验

请按照图 1.1.36 所示的中文版式设置效果图进行练习。

纵横混排　　合并字符　　双行合一　　带⑱字符　　拼音指南

图 1.1.36　中文版式设置效果

5. 页眉、页脚的插入和删除

页眉与页脚是文档中的注释性信息，如文章的章节标题、作者、日期和时间、文件
名或公司标志等。一般地，页眉位于页面顶部，页脚位于页面底部，但也可以利用文本
框技术，在页面的任意地方设置页眉与页脚。页眉和页脚的效果只有在页面视图和打印
预览方式下才能看到。

对于短文档来说，整篇文档就是一节。使用 Word 制作页眉和页脚，不必为每一页都逐个输入页眉和页脚内容；只要在任意一页上输入一次，Word 就会自动在本节内的所有页中添加相同的页眉和页脚内容。

1）插入页眉、页脚

（1）单击"插入"→"页眉和页脚"→"页眉"或"页脚"按钮。

（2）在打开的下拉列表中选择"编辑页眉"或"编辑页脚"命令，可以选择内置的页眉或页脚样式，如图 1.1.37 所示。

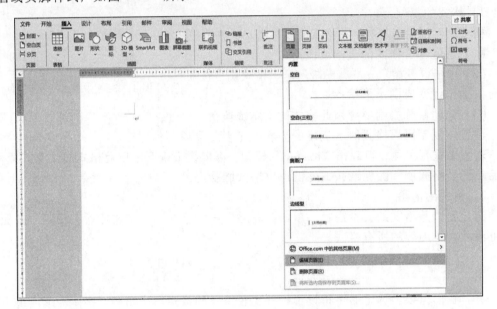

图 1.1.37　插入页眉、页脚

（3）在页眉或页脚区域输入文本内容或使用"页眉和页脚"选项卡中的"插入"选项组中的命令插入日期、文档属性、logo 图片等对象或页码。

在文档中插入页眉或页脚后，会自动出现"页眉和页脚"选项卡，如图 1.1.38 所示，通过该选项卡可对页眉或页脚进行编辑和修改。单击"关闭"选项组中的"关闭页眉和页脚"按钮，或在正文区域双击，可以退出页眉和页脚的编辑状态。

图 1.1.38　"页眉和页脚"选项卡

同样，在页眉或页脚区域双击，也可以快速进入页眉和页脚的编辑状态。

2）删除页眉、页脚

依次选择"插入"→"页眉和页脚"→"页眉"或"页脚"→"删除页眉"或"删除页脚"命令可以删除页眉和页脚。

6. 检查文档

在与他人共享文档前，建议先使用文档检查器查找和删除文档中的隐藏数据和个人信息。

打开要检查隐藏数据和个人信息的文档，依次选择"文件"→"信息"→"检查问题"→"检查文档"命令,弹出如图 1.1.39 所示的提示信息,选择"是"按钮,打开"另存为"对话框,生成电子副本。

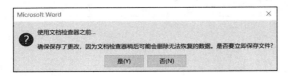

图 1.1.39　另存为电子副本

然后会自动弹出"文档检查器"对话框,如图 1.1.40 所示,在此对话框中,选中要检查的内容类型的复选框,单击"检查"按钮,开始检查。

图 1.1.40　"文档检查器"对话框

在"文档检查器"对话框中审阅检查结果,对于要从文档中删除的隐藏内容的类型,单击其检查结果旁边的"全部删除"按钮即可,如图 1.1.41 所示。对于从文档中删除的隐藏内容,无法通过撤销恢复隐藏内容。

图 1.1.41　审阅检查结果

任务1.2 制作班报

任务描述

2021年9月18日是"九一八事变"90周年纪念日，也是我国第21个"全民国防教育日"。为铭记历史、缅怀先烈，弘扬爱国主义精神，增强大学生的国防观念，学校组织开展了纪念"九一八事变"爆发90周年暨全民国防教育日系列活动。赵振国同学为了响应这次活动，准备制作一期以"勿忘国耻 振兴中华"为主题的班报。

制作班报，主题必须明确醒目、新颖别致。小赵同学先参阅了一些报纸和杂志，然后运用Word 2016的图文混排技巧对版面进行设计排版，制作出了班报，最终呈现效果如图1.2.1所示。

图1.2.1

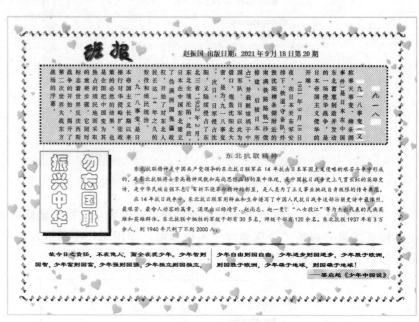

图1.2.1 班报

任务分析

▶ 任务技能目标

通过本次任务，掌握以下技能：

（1）掌握图片、图形、文本框、艺术字等对象的插入、编辑和美化等操作；

（2）能够熟练利用Word 2016对文档进行图文混排。

▶ 核心知识点

插入、编辑和美化图片、图形、文本框、艺术字

■ 任务实现

1.2.1 创建文档

（1）启动 Word 2016，新建一个空白文档。

（2）单击"布局"→"页面设置"选项组的"对话框启动器"按钮，打开"页面设置"对话框，设置纸张大小为"A4"，纸张方向为"横向"，上、下、左、右页边距各"2厘米"。

（3）单击"设计"→"页面背景"→"页面边框"按钮，打开"边框和底纹"对话框，在"页面边框"选项卡中选择图 1.2.2 中的"艺术型"页面边框。

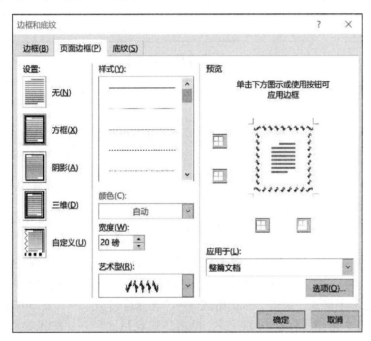

图 1.2.2 设置页面边框

（4）单击快速访问工具栏中的"保存"按钮，将文档保存为"班报.docx"。

1.2.2 制作报头

（1）在第一行输入文本内容"制作人：赵振国 出版日期：2021 年 9 月 18 日第 20 期"，设置字体格式为"宋体、四号、红色、加粗、红色下画线"；参照图 1.2.1，拖动"首行缩进"标记到适当位置，如图 1.2.3 所示。

（2）制作"班报"艺术字。

Word 提供了各种样式的艺术字，在文档中插入一些艺术字可以美化版面。艺术字是图形对象，不是普通文字，可以像处理图片那样，调整它的大小、位置和颜色等。

① 插入艺术字。单击"插入"→"文本"→"艺术字"按钮，在弹出的下拉列表中选择一种艺术字式样（如第 3 行第 1 个式样），弹出"请在此放置您的文字"文字框，在框中输入"班报"，此时系统自动激活"形状格式"选项卡，如图 1.2.4 所示。

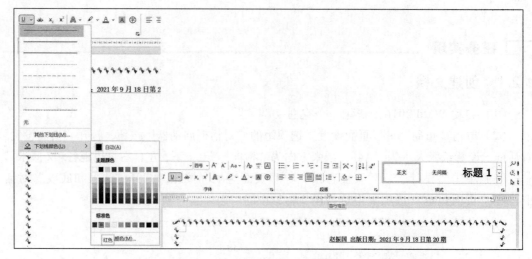

图 1.2.3　设置报头文字格式

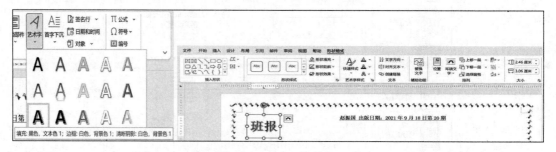

图 1.2.4　插入艺术字

　　② 设置艺术字的字体、字号。单击艺术字的边框，选定艺术字，单击"开始"→"字体"→"字体"和"字号"下拉按钮，在下拉列表中分别选择"方正舒体"和"小初"。

　　③ 设置艺术字格式。单击"形状格式"→"艺术字样式"→"文本填充"下拉按钮，在颜色下拉列表中选择"标准色-深蓝"。单击"形状格式"→"艺术字样式"→"文本轮廓"下拉按钮，在下拉列表中选择轮廓色为"标准色-红色"。单击"形状格式"→"艺术字样式"→"文字效果"→"转换"命令，打开艺术字形状列表，单击一种名为"V形：倒"的图形，艺术字的形状就改变了，如图 1.2.5 所示。

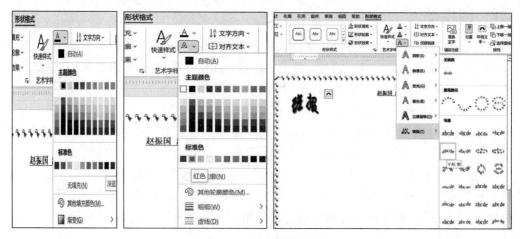

图 1.2.5　设置艺术字格式

④ 设置艺术字的文字环绕方式。选定艺术字，单击"形状格式"→"排列"→"环绕文字"按钮，在弹出的下拉列表中设置艺术字与文字的环绕方式，单击"浮于文字上方"，艺术字与文字的环绕方式就改变了，如图 1.2.6 所示。

⑤ 调整艺术字的大小和位置等。选定艺术字，如图 1.2.7 所示，它的四周出现 8 个尺寸控制点，将鼠标指针移到尺寸控制点上，按住左键拖动鼠标，可以改变艺术字的大小；将鼠标指针移到艺术字边框线上，指针变成形状时，按住左键拖动可以移动艺术字的位置。

图 1.2.6　设置文字环绕方式　　　　图 1.2.7　调整艺术字

把鼠标指针移到黄色的控制点上，指针变成空心箭头形状时按住左键拖动可以调整艺术字的形状。把鼠标指针移到顶部的旋转控制点上，指针变成黑色实心旋转箭头形状时按住左键拖动可以按任意角度旋转艺术字。

在艺术字外的任意位置单击，艺术字四周的尺寸控制点消失，有关艺术字的操作就完成了。

小贴士

图文混排中，通过设置文字环绕方式来指定"文绕图"方式，以协调各对象之间的排版。

1.2.3　制作"九一八事变"版块

文本框是图形对象，是版面中的一个独立区域，可以放置于页面的任何位置。文本框中的内容可以随意调整，形成与正文迥然不同的风格。插入文本框的方法有两种：一是先选定内容，然后单击"插入"→"文本"→"文本框"→"绘制横排文本框"或"绘制竖排文本框"命令，在选定内容的四周围上文本框；二是先插入空白文本框，然后在其中输入文字或插入图形。

（1）绘制竖排文本框。单击"插入"→"文本"→"文本框"→"绘制竖排文本框"命令，如图 1.2.8 所示，移动鼠标至需要插入文本框的位置，指针变成"十"字形状，按住鼠标左键拖动画出一个方框，插入点光标出现在文本框中，此时系统自动激活"形状格式"选项卡。

（2）将"班报(文字素材).docx"中第 1 个版块的文字内容复制到文本框里。

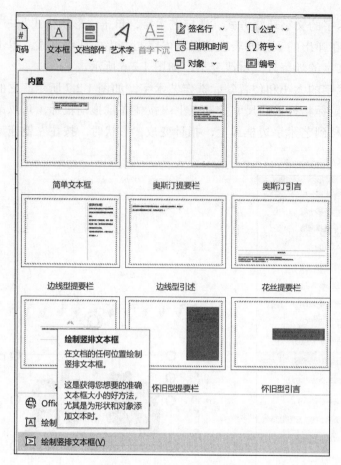

图 1.2.8　插入竖排文本框

（3）设置文本框内文字的格式。

选定标题文字"九一八"，设置格式为"方正舒体、小二、红色、加粗、居中、段后间距 0.5 行"。

选定文本框中的其他文字，设置格式为"华文中宋、小四、首行缩进 2 字符、固定值 17.5 磅行距"，这里的行距可以根据实际情况自行调整。

（4）设置文本框的格式。

① 设置文本框的边框。单击文本框的边框，选定文本框，单击"形状格式"→"形状样式"→"形状轮廓"按钮，在下拉列表中选择"虚线"→"圆点"，"粗细"→"3 磅"，如图 1.2.9 所示。

② 设置文本框的填充颜色。单击"形状格式"→"形状样式"组的"对话框启动器"按钮，打开"设置形状格式"任务窗格，选择"形状选项"→"填充与线条"按钮，单击"填充"按钮展开"填充"选项，选择"图案填充"，选择"小棋盘"图案，前景色设为"白色，背景 1，深色 15%"，背景色设为"白色，背景 1"，如图 1.2.10 所示。

小贴士

　　在文本框内部单击，此时需要先选定文字，再进行修饰。将鼠标指针移到文本框边框上，指针变成形状时单击文本框的边框，这表示选定了整个文本框，可以对文本框内的所有文字，设置字体、字号和颜色等。如果按键盘上的 Delete 键，则删除整个文本框及其中的内容。

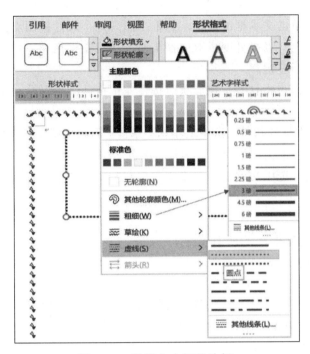

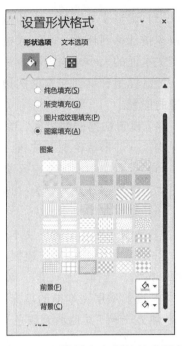

图 1.2.9　设置文本框的边框　　　　图 1.2.10　设置文本框的填充颜色

1.2.4　制作"勿忘国耻 振兴中华"版块

（1）绘制文本框。绘制竖排文本框，输入两段文字"勿忘国耻"和"振兴中华"，设置格式为"华文彩云、小初"。

（2）设置字体颜色。将字体颜色设置为渐变色"红→绿"。选定文本框，单击"开始"→"字体"→"字体颜色"下拉按钮→"渐变"→"其他渐变"，打开"设置形状格式"任务窗格，选择"文本选项"→"文本填充与轮廓"按钮，展开"文本填充"选项，选择"渐变填充"，设置头尾两个"渐变光圈"的颜色分别为红色和绿色，删除中间多余的渐变光圈，如图 1.2.11 所示。

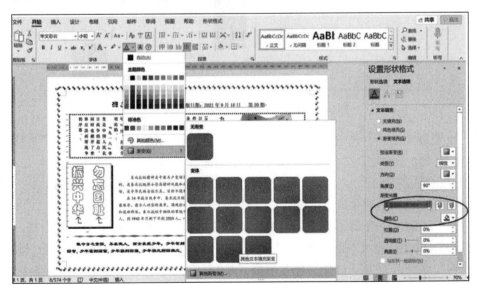

图 1.2.11

图 1.2.11　设置字体渐变色

（3）调整文本框的大小和位置。单击文本框的边框，边框上出现 8 个尺寸控制点。把鼠标指针移到任意一个尺寸控制点上，当指针变成双向箭头时，按住左键拖动，可以改变文本框的大小，当大小合适时松开左键。

把鼠标指针移到文本框的边框上，当指针变成❖形状时按住左键拖动，可以移动文本框的位置。

（4）设置文本框的边框。单击文本框的边框，选中文本框，单击"形状格式"→"形状样式"→"形状轮廓"按钮，设置边框为"白色，背景 1，深色 25%，2.25 磅实线"。

（5）设置文本框的文字环绕方式。选中文本框，单击文本框右上角的"布局选项"按钮，选择文字环绕方式为"四周型"。

（6）制作底层文本框。

① 复制"勿忘国耻"文本框，删除框内的所有文字。

② 设置底层文本框的边框。选定文本框，单击"形状格式"→"形状样式"→"形状轮廓"按钮，选择"无轮廓"，就去掉了文本框的边框。

③ 设置底层文本框的填充颜色。选定文本框，选择"形状格式"→"形状样式"→"形状填充"→"其他填充颜色"，在打开的"颜色"对话框中选择"自定义"，输入 RGB 值（0，0，0），设置成黑色，如图 1.2.12 所示。

图 1.2.12

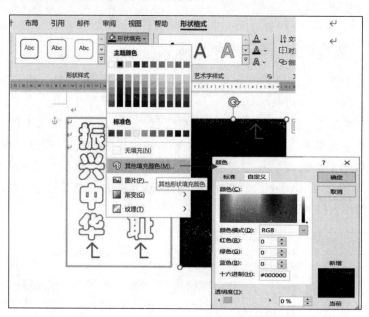

图 1.2.12 设置底层文本框的填充颜色

④ 设置叠放次序。选定黑色文本框，单击"形状格式"→"排列"→"下移一层"按钮，移到"勿忘国耻"文本框的下层，用光标键微调移动到合适位置。

（7）组合文本框。

① 选择多个图形对象。

方法一：按住 Shift 键不放，单击两个文本框的边框，同时选中两个文本框。

方法二：选定一个文本框，激活"形状格式"选项卡，单击"形状格式"→"排列"→"选择窗格"按钮，打开"选择"任务窗格，按住 Ctrl 键不放，选择另一个文本框，如图 1.2.13 所示。

小贴士

若要设置多个对象的对齐方式，可以选中多个图形对象，然后单击"形状格式"→"排列"→"对齐"按钮，在下拉列表中选择对齐方式。

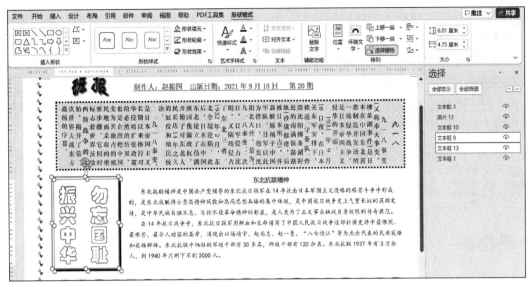

图 1.2.13 选择多个对象

② 选中这两个文本框之后，单击"形状格式"→"排列"→"组合"按钮，选择"组合"命令，如图 1.2.14 所示。

图 1.2.14 组合对象

若想取消组合，可以选中组合对象，单击"形状格式"→"排列"→"组合"→"取消组合"命令。

1.2.5 制作"东北抗联精神"版块

（1）绘制横排文本框，将"班报（文字素材）.docx"中第 2 个版块的文字内容复制到文本框里。

（2）设置文字格式。选定标题"东北抗联精神"，设置格式为"微软雅黑、小四、标准色-深蓝、字符缩放 120%、字符间距加宽 2 磅、居中"。选定其余文字，设置格式为"楷体、小四、首行缩进 2 字符、行距为固定值 20 磅"。

（3）取消文本框的边框。选定文本框，单击"形状格式"→"形状样式"→"形状轮廓"按钮，选择"无轮廓"。

（4）设置文本框透明。选定文本框，单击"形状格式"→"形状样式"→"形状填充"按钮，选择"无填充"。

（5）根据实际情况调整文本框的大小和位置。

1.2.6 插入图片

在 Word 文档中可以插入来自计算机、Office 图像集库或者网页上的图片。艺术横线是图形化的横线，用于隔离版块，美化整体版面。

（1）将鼠标移到第2个板块的下方，双击鼠标，插入点光标定位于双击位置，此即"即点即输"功能。

（2）单击"插入"→"插图"→"图片"按钮，选择"此设备"，在"插入图片"对话框中选择"艺术横线.png"。

此时，系统自动激活"图片格式"选项卡，如图1.2.15所示。其中包含有很多修饰图片的工具，比如为图片加边框，调整饱和度、透明度，重新着色等，还可以裁剪图片。

图1.2.15 "图片格式"选项卡

小贴士

单击图片，选择"图片格式"→"大小"→"裁剪"按钮，图片四周出现裁剪控点，拖动控点，裁剪框范围会随之变化，在图片外单击，裁剪框外部的阴暗部分被随之裁剪掉，如图1.2.16所示。

图1.2.16 图片裁剪

（3）单击图片右上角的"布局选项"按钮，设置图片的文字环绕方式为"浮于文字上方"。

默认情况下，图片的文字环绕方式为嵌入式，"图"是当成"文"来处理的。将图片设定为其他文字环绕方式时，图片"独立于文字"，可将图片移动到页面的任意位置，包括版心之外。

（4）调整图片的大小和位置等。单击图片，选中图片，图片四周会出现8个尺寸控制点和1个旋转控制点，将鼠标移到任意一个尺寸控制点上，指针变成双向箭头形状，按住左键拖动鼠标，即可改变图片大小。

将鼠标指针移到图片上，指针形状变成四向箭头时，按住左键拖动鼠标，可以移动图片的位置。

将鼠标移到旋转控制点上，鼠标指针变为旋转的黑色箭头形状时，按下鼠标左键拖动，可以旋转图片。

如果要精确设置图片的大小和旋转角度，就要在"布局"对话框中进行：选中图片，单击"图片格式"或"形状格式"的"大小"选项组的"对话框启动器"按钮，打开"布局"对话框，定位于"大小"选项卡，如图1.2.17所示，在"高度"和"宽度"框中输

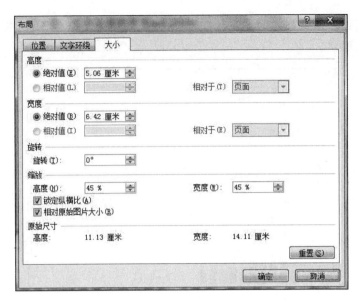

图 1.2.17　"布局"对话框

入数值，如果不希望宽高等比例缩放，则要取消选中"锁定纵横比"复选框。在"旋转"框中输入要旋转的角度。

1.2.7　制作"少年中国说"版块

（1）将"班报（文字素材）.docx"中第 3 个版块的文字内容复制到艺术横线下面。

（2）设置文字格式为"隶书、四号、加粗，首行缩进 2 字符，固定值 20 磅行距"。

（3）选定"故今日之责任……"段落，单击"布局"→"页面设置"→"栏"→"更多栏..."命令，在"栏"对话框中，选择"两栏"，加分隔线，如图 1.2.18 所示，单击"确定"按钮。

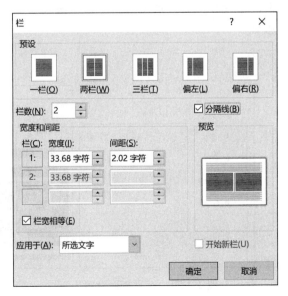

图 1.2.18　分栏

小 贴 士

　　分栏时，最好在内容的前后插入一个"空白段"，最后视排版效果决定是否删除"空白段"。如果需要保留该段又不希望占太大的位置，可以将该"空白段"设置为较小的行间距，比如"固定值，4 磅"。

（4）选定"——梁启超《少年中国说》"，设置"右对齐"；在"边框和底纹"对话框中，设置文字底纹，图案样式为"浅色棚架"，图案颜色为"橙色"，如图 1.2.19 所示，单击"确定"按钮。

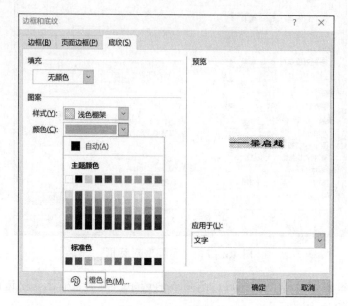

图 1.2.19

图 1.2.19 设置底纹

1.2.8 制作背景

为了让班报效果更加多姿多彩，可以添加页面背景。

（1）依次选择"设计"→"页面背景"→"页面颜色"→"填充效果"，打开"填充效果"对话框，选择"图片"选项卡，如图 1.2.20 所示，单击"选择图片"按钮，打开"插入图片"对话框，在"必应"图像搜索框中输入搜索关键词"背景"，按 Enter 键，打开"联机图片"对话框，选择心仪的背景图片，单击"插入"按钮，返回"填充效果"对话框，单击"确定"按钮。

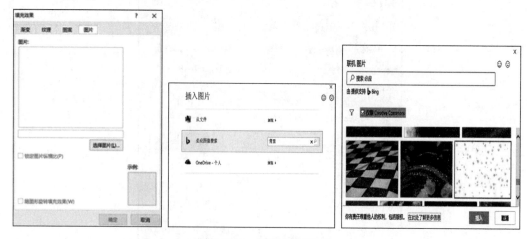

图 1.2.20 设置页面背景

（2）按快捷键 Ctrl+S 保存文档，单击对话框右上角的"关闭"按钮，关闭文档并退出程序。本任务就全部完成了。

知识拓展

1. 绘制形状

在 Word 2016 中，可以手工绘制形状，例如绘制直线、箭头、标注、流程图等，这些图形称为自选图形。

1）新建画布

单击"插入"→"插图"→"形状"按钮，在弹出的下拉列表中选择"新建画布"命令，可以在文档中新建一个绘图画布。整个画布相当于一幅图片，可以整体移动并调整大小，可以避免随着文档中其他文本的增删而导致插入形状的位置发生错误。

将鼠标指针移到画布的边框上，当指针形状变成  时按住左键拖动鼠标，可移动画布的位置。

在画布中绘制了图形后，画布四周会出现绘图尺寸控制点，将鼠标指针移到这些尺寸控制点上按住左键拖动，可以改变画布的大小。

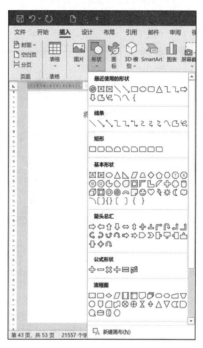

图 1.2.21 绘制自选图形

2）绘制自选图形

单击"插入"→"插图"→"形状"按钮，在弹出的下拉列表中选择要绘制的形状式样，如图 1.2.21 所示，此时鼠标指针变成"十"字形状，按住鼠标左键拖动即可。

按住 Shift 键不放，可以画出正圆、正方形、正五角星等图形。

3）在自选图形中添加文字

自选图形中除了线条和任意多边形以外的图形，用户都可以在绘制完成后向其中添加文字。

将鼠标指针指向自选图形后右击，在弹出的快捷菜单中选择"添加文字"命令，此时在图形中出现了插入点光标，输入文字即可。输入完成后，可以选中文字对其进行编辑和格式设置。

4）设置自选图形的格式

单击自选图形，在"形状格式"选项卡中可以设置图形的填充效果、线条颜色、线型、阴影效果、三维效果等；或单击"形状格式"→"形状样式"选项组右下角的"对话框启动器"按钮，打开"设置自选图形格式"对话框，可以从中进行设置。

5）多个图形对象的编辑

当文档中有多个图形对象时，为了使图文混排变得容易方便，有时需要对这些图形对象进行对齐、调整叠放次序和组合等操作。

① 对齐方式。选定多个图形对象，单击"形状格式"→"排列"→"对齐对象"按钮，在打开的下拉列表中选择所需的对齐方式。

技巧
利用 Shift 键绘制标准图形。

② 叠放次序。选定一个图形，单击"形状格式"→"排列"→"上移一层"或"下移一层"下拉按钮，在打开的下拉菜单中选择相应的命令。

③ 组合和取消组合。

组合：选择需要组合的图形，单击"形状格式"→"排列"→"组合对象"按钮，在打开的下拉菜单中选择"组合"命令。

取消组合：选中组合对象，单击"形状格式"→"排列"→"组合对象"按钮，在下拉菜单中选择"取消组合"命令。

 实践与体验

按照图 1.2.22 所示效果图进行图形对象编辑功能的练习。

图 1.2.22

图 1.2.22　图形对象编辑

2. 插入公式

使用 Word 2016 提供的公式编辑功能，可以在文档中插入一个比较复杂的数学公式，方便用户使用。

（1）将插入点定位于要插入公式的位置。

（2）单击"插入"→"符号"→"公式"下拉按钮，在弹出的下拉菜单中有很多系统内置的常见公式可以直接使用，也可以选择"插入新公式"自己输入公式。

（3）此时，系统自动激活如图 1.2.23 所示的"公式"选项卡。"公式"选项卡主要由"符号"选项组和"结构"选项组组成，用户可以从中挑选符号或模板来建立复杂的公式。

图 1.2.23　"公式"选项卡

"符号"选项组中包含 150 多个数学符号，输入符号时，只需单击符号即可。

"结构"选项组中有各种各样的模板可供选择。模板是已设置好格式的符号和空白插槽的集合。要建立数学表达式，可插入模板并填充其插槽。用户可以通过在模板的插槽内再插入其他模板来建立结构复杂的多级公式。

举例：输入公式 $\int \dfrac{\mathrm{d}x}{\sqrt{1-x^2}} = \arcsin x + c$ 。

① 单击"插入"→"符号"→"公式"按钮，在编辑区中出现一个公式输入框。

② 选择"公式"→"结构"→"积分"模板$\int_{-x}^{x}$积分→"积分"模板$\int\square$，输入框中出现$\int\square$。

③ 单击输入框中的插槽（虚线小方框），选择"公式"→"结构"→"分式"模板分式→"分式（竖式）"模板$\frac{\square}{\square}$。输入框中出现分数线，在分子分母中分别出现插槽。

④ 在分子插槽中，输入"dx"。

⑤ 在分母插槽中选择"根式"模板根式中的"平方根"模板$\sqrt{\square}$，输入框中出现根号，根号中出现插槽，在插槽中输入"1-"，然后选择"上下标"模板上下标中的"上标"模板$\square^{\square}$，在底数的插槽中输入"x"，在上标插槽中输入"2"。

⑥ 在分数线后单击（或按键盘上的→键），使插入点与分数线对齐，变成$\int\frac{dx}{\sqrt{1-x^2}}$，然后继续输入后面的内容"=arcsinx+c"。

⑦ 设置公式中的正斜体。

实践与体验

完成以下公式的输入练习。

$$\frac{1}{2}\ln|2y+1| = x + C_1 \quad y = \pm\frac{e^{2C_1}}{2}e^{2x} - \frac{1}{2}$$

3. 添加水印

水印是衬于文本底部具有一定透明效果的文字或图形，作用于文档的每个页面，是保护文档版权的一种重要技术手段。单击"设计"→"页面背景"→"水印"→"自定义水印"命令，打开"水印"对话框，如图 1.2.24 所示，为文档添加水印效果。

图 1.2.24　水印

任务 1.3 | 制作学生成绩表

任务描述

李辉是班里的学习委员，期末考试结束后，为及时将班里的学习情况反馈给老师，需要制作学生成绩表，并对成绩进行简单地统计。刘辉用 Word 2016 提供的表格功能制作了学生成绩表，最终呈现效果如图 1.3.1 所示。

2020 级软件(1)班学生成绩表

课程 姓名	英语	思想政治	微机原理	数据结构	C 语言	总分
李小明	67	70	54	60	85	336
赵蝶	84	79	66	68	78	375
黄南	79	84	66	61	85	375
林杰	91	90	87	67	80	415
陈强	53	70	49	72	65	309
单科平均分	74.8	78.6	64.4	65.6	78.6	

图 1.3.1 学生成绩表

图 1.3.1

任务分析

▶ **任务技能目标**

通过本次任务，掌握以下技能：

（1）熟练掌握在 Word 文档中插入和编辑表格，对表格进行美化。

（2）能够灵活应用公式对表格中的数据进行处理。

▶ **核心知识点**

插入、编辑和美化表格，数值计算，排序

任务实现

1.3.1 制作表格

表格分为标准表格（每行都相同）和非标准表格（每行单元格变化比较大）。对于非标准表格，一般是先建立标准表格，然后进行适当修改。

1. 制作表格

（1）插入表格。启动 Word 2016，新建"学生成绩表.docx"文档。单击"插入"→"表格"→"表格"按钮，在按钮下方出现一个表格模板，把鼠标指针移到模板左上角的单元格中，向右下角移动，鼠标指针移过的灰格变成橙格，同时模板顶部显示的行数和列数也不断变化（前面的数字是列数，后面的数字是行数），如图 1.3.2（a）所示。我们要制作的表格有 7 行 6 列，所以当模板顶部显示出 6×7 表格时，单击，一个 7 行 6 列的空白表格就出现在编辑区中了。

或者单击"插入"→"表格"→"表格"按钮，在下拉菜单中选择"插入表格"命令，打开"插入表格"对话框，在"列数"框中输入 6，在"行数"框中输入 7，如图 1.3.2（b）所示。

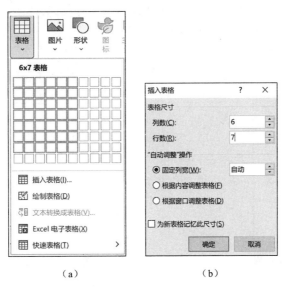

（a）　　　　　　　　　　（b）

图 1.3.2　插入表格

创建的表格由水平行和垂直列组成，行线和列线交叉围成的小方格称为单元格。行号用数字表示，列标用英文字母表示，单元格名称由列标+行号表示，如图 1.3.3 所示。

图 1.3.3　单元格名称

（2）合并单元格。

① 选定表格。对表格进行操作前，首先要选定表格。表 1.3.1 为选定表格中各区域的方法。

表 1.3.1　选定表格中各区域的方法

选定区域	鼠标操作
一个单元格	将鼠标指针移至单元格左下角，当指针变成￪形状时单击
相邻单元格	选中起始单元格并按住左键拖动鼠标
不相邻单元格	选定一个单元格后，按住 Ctrl 键，再依次选定其他单元格
一行	将鼠标指针移至该行的左侧，当指针变成￪形状时单击
相邻多行	将鼠标指针移至首行的左侧，当指针变成￪形状时按住鼠标左键向下拖动
不相邻多行	选定一行后，按住 Ctrl 键，再依次选定其他行
一列	将鼠标指针移至该列的上方，当指针变成￬形状时单击
相邻多列	将鼠标指针移至首列的上方，当指针变成￬形状时按住鼠标左键向右拖动
不相邻多列	选定一列后，按住 Ctrl 键，再依次选定其他列
整个表格	将鼠标指针移至表格左上角的移动控制手柄✛处，当指针变成✛形状时单击

在表格中的任意位置单击，选定就被取消了。

也可以单击"布局"→"表"→"选择"按钮，在下拉菜单中选择行、列、单元格和表格，如图 1.3.4 所示。

② 选定需要合并的单元格。将鼠标指针移到第 1 行的第 1 个单元格中，按住左键向右拖动鼠标，选定第 1 行中的所有单元格，单击"布局"→"合并"→"合并单元格"按钮，这 7 个单元格就合并成一个单元格了，如图 1.3.5 所示。

如果原来单元格中有内容，合并单元格后，原内容将合并作为新单元格的内容。

图 1.3.4　选定表格对象

图 1.3.5　合并单元格

图 1.3.6　拆分单元格

在 Word 中，不仅可以将多个单元格合并成一个单元格，还可以将一个单元格拆分成多个单元格。方法是：选定要拆分的单元格，单击"布局"→"合并"→"拆分单元格"按钮，打开"拆分单元格"对话框，如图 1.3.6 所示。在"列数"框中输入单元格拆分后的列数，在"行数"框中输入单元格拆分后的行数，单击"确定"按钮，原先的一个单元格就变成几个单元格了。

在 Word 中，除了可以拆分单元格，还可以将一个表格拆分成两个表格。方法是：将插入点光标置于将要拆分成的第二个表格的首行，单击"布局"→"合并"→"拆分表格"按钮就可以了。删除两个表格间的段落标记符，可以合并表格。

2. 输入内容

插入点光标所在的单元格称当前单元格。可以在当前单元格中输入内容。当一个单元格的内容输入完成后，按键盘上的上、下、左、右四个方向键可以跳到另一个单元格。

注意：不能用按 Enter 键的方法移动插入点光标，按 Enter 键将使当前单元格所在的行高度增加。

在单元格中输入内容时，若输入的内容宽度超过单元格的宽度，单元格将自动变高，并分行显示所输入的汉字。

按图 1.3.7 所示输入表格内容。

如果表格长，跨多个页面，Word 可以在每一页都重复显示标题行，以便参考。方法是：单击标题行中的任意一个单元格，或选中要重复的行，单击"布局"→"数据"→"重复标题行"按钮即可。若要取消"重复标题行"，可再次单击"重复标题

2020级软件(1)班学生成绩表					
	英语	思想政治	微机原理	数据结构	C语言
林杰	91	90	87	67	80
黄南	79	84	66	61	85
赵蝶	84	79	66	68	78
李小明	67	70	54	60	85
陈强	53	70	49	72	65

图 1.3.7　输入表格内容

行"按钮。

需要注意的是，只有第 1 页上的表头才可以修改，并且第 1 页上的表头修改后，以后各页跟着自动改变。

3. 制作斜线表头

（1）将插入点光标定位在第 2 行第 1 列单元格中。

（2）单击"表设计"→"边框"→"边框"下拉按钮，在列表中选择"斜下框线"。

（3）在此单元格中输入"姓名课程"，选定"姓名"，设为"下标"，选定"课程"，设为"上标"。调整文字大小为"小一"，将插入点光标定位于"姓名"和"课程"之间，插入空格键以调整文字间距，效果如图 1.3.8 所示。

图 1.3.8　制作斜线表头

4. 设置表格文字格式

斜线表头单元格内的文字格式设置为"楷体、小二、加粗"，同行的其余单元格文字格式设置为"楷体、五号、加粗"，将"林杰"行到"陈强"行的文字格式设置为"楷体、五号"。

1.3.2 编辑表格

在"布局"选项卡中,可以选择相应的命令按钮对表格进行编辑。

- "表"选项组用于表格及其局部的选择以及表格属性的详细设置,如表在文档中的对齐方式、文字环绕方式等;

图 1.3.9 删除行、列

选定要删除的行、列、单元格或表格,单击"布局"→"行和列"→"删除"按钮,在下拉菜单中选择相应的命令,即可删除选定的对象。
也可以在选定表格后,按 Backspace 键删除表格。

- "行和列"选项组用于行、列、单元格的增删;
- "合并"选项组用于单元格的拆分和合并;
- "单元格大小"选项组通过改变行高、列宽的值调整单元格的大小;
- "对齐方式"选项组用于设置表内容和表之间的布局关系。如设置单元格内容对齐方式、单元格内文字方向等。

1. 删除行或列

将插入点光标移到第 1 行中,单击"布局"→"行和列"→"删除"按钮,选择"删除行"命令,如图 1.3.9 所示,第 1 行"2020 级软件(1)班学生成绩表"即被删除了。

将鼠标指针移到表格左上角的移动控制手柄⊞处,当指针变成✛形状时按住鼠标左键向下拖动,将表格下移,在表格上方输入表名"2020 级软件(1)班学生成绩表",将其设置为"隶书、四号、居中"。

2. 插入行或列

在表格最后插入一个新行和一个新列。

(1)将鼠标指针移到最后一条行线的左侧,此时出现⊕号,如图 1.3.10 (a) 所示,单击⊕号,就在最后一行下方插入了一个新行,单击空白处取消反色显示,单击新行中的第 1 个单元格,输入"单科平均分"。或者单击表格最后一行的最后一个单元格,然后按 Tab 键,就会在表格的最后一行的下边插入一空行。

(2)单击最后一列中的任意一个单元格,将插入点光标定位到最后一列中,单击"布局"→"行和列"→"在右侧插入"按钮,如图 1.3.10 (b) 所示,就在最后一列右边插入了一个新列。在新列的第 1 个单元格中,输入"总分"。

2020 级软件(1)班学生成绩表

课程 姓名	英语	思想政治	微机原理	数据结构	C 语言
林杰	91	90	87	67	80
黄南	79	84	66	61	85
赵蝶	84	79	66	68	78
李小明	67	70	54	60	85
陈强	53	70	49	72	65

(a)

（b）

图 1.3.10 插入行、列

3. 移动行或列

如果发现表格中某些行或列的位置不合适，可以进行调整。下面我们把"C 语言"列移到"思想政治"列的前面，把"陈强"行移到"黄南"行的上方。

（1）选定"C 语言"列，单击"开始"→"剪贴板"→"剪切"按钮，选定"思想政治"列，单击"开始"→"剪贴板"→"粘贴"按钮，就把"C 语言"列移到了"思想政治"列的前面。

（2）选定"陈强"行，在选定行上右击，在弹出的快捷菜单中选择"剪切"命令，选定"黄南"行，在选定行上右击，在快捷菜单中选择"粘贴选项：保留源格式"，就把"陈强"行移到了"黄南"行的上方。

4. 调整行高、列宽

选定第 2 列到最后一列单元格区域，单击"布局"→"单元格大小"→"分布列"按钮，平均分布选中区域的列宽。

新建立的表格中，列宽和行高都是默认的。当单元格中输入的文字较多时，行高会自动变高，而列宽不会变化。可以根据需要调整表格的行高和列宽。

（1）在表格中的任意位置单击，单击"布局"→"单元格大小"→"自动调整"按钮，在下拉菜单中选择"根据内容自动调整表格"，表格的列宽就会根据单元格中内容的最大宽度自动调整；选择"根据窗口自动调整表格"，表格中每一列的宽度将按照相同的比例扩大，使调整后的表格宽度与页面的版心宽度相同。

单击"布局"→"单元格大小"→"分布行"或"分布列"按钮，可以使选定的行或列具有相同的高度或宽度。

（2）如果只想调整某一列的宽度或某一行的高度，方法是：

将鼠标指针移到某一列的右边线上，当指针变成 ↔ 形状时按住左键拖动，可以改变该列的列宽。

将鼠标指针移到某一行的下边线上，当指针变成 ↕ 形状时按住左键拖动，可以改变该行的行高。

调整行高或列宽时，先按住 Alt 键后再拖动鼠标，可以精确地调整表格的行高和列宽。更常用的方法是直接在"布局"→"单元格大小"→"表格行高"或"表格列宽"框中输入行高或列宽的数值。

如果只想调整某一个单元格的列宽，需要先选定这个单元格，然后拖动这个单元格的列边线就可以了。

5. 调整表格中文字的对齐方式

由于表格行高、列宽的变化，单元格中的文字在单元格中的排列方式不是很好看，需要进行调整。

将图 1.3.11 中的单元格区域内文字的对齐方式设置为中部居中。选中单元格区域，单击"布局"→"对齐方式"→"水平居中"按钮，则选定区域内的文字在单元格内水平和垂直都居中了。

> **小贴士**
>
> 将鼠标指针移到表格中稍停片刻，表格左上角会出现一个 ⊞ 标记，右下角会出现一个 □ 标记。单击 ⊞ 标记可以选定整个表格；将鼠标指针指向 ⊞ 标记，当指针变成 ✛ 形状时按住左键拖动，可以移动表格的位置。将鼠标指针移到 □ 标记上，当指针变成 ↖ 形状时按住左键拖动，可以改变整个表格的大小；按住 Shift 键后再拖动，可以等比例改变表格大小。

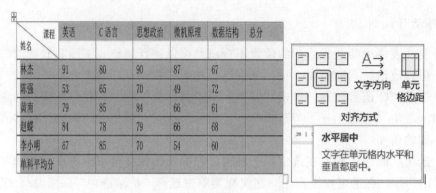

图 1.3.11 设置文字的对齐方式

1.3.3 美化表格

1. 设置表格边框

（1）设置外边框。选定表格，单击"表设计"→"边框"→"笔样式"按钮，选择"上粗下细双线"，设置边框线型；单击"笔画粗细"按钮，选择"3 磅"，设置边框粗细；单击"笔颜色"按钮，选择"其他颜色"RGB(12,45,255)，设置边框颜色；单击"边框"下拉按钮，选择"外侧框线"，如图 1.3.12（a）所示。

（2）设置内边框。同理，按照上述方法设置内边框为"浅绿色单线 1.5 磅"，如图 1.3.12（b）所示。

图 1.3.12

（a）

（b）

图 1.3.12 设置表格边框

（3）设置斜线。单击"边框刷"按钮，在表头斜线上单击，此时斜线就应用了内边框的设置。再次单击"边框刷"按钮，退出边框刷状态。

2. 设置表格底纹

选定第 1 行，单击"表设计"→"边框"→"边框"下拉按钮，在下拉列表中选择"边框和底纹"命令，打开"边框和底纹"对话框，选择"底纹"选项卡，设置填充颜色为"标准色-深红"，图案样式为"10%"，图案颜色为"标准色-蓝色"，如图 1.3.13 所示。将此行的文字颜色调整成"白色，背景 1"。

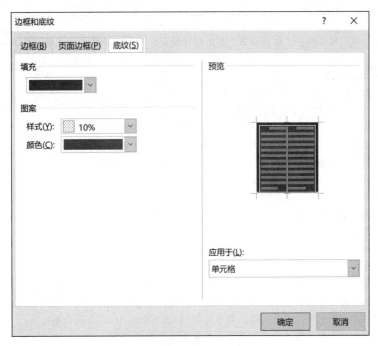

图 1.3.13　设置表格底纹

1.3.4　计算

Word 表格具有自动计算功能，某些单元格中的数据可以让计算机自动计算出来。

1. 计算"总分"

（1）单击林杰的总分单元格（即 G2 单元格），单击"布局"→"数据"→"*fx* 公式"按钮，打开"公式"对话框，如图 1.3.14 所示。Word 在"公式"框中填入了默认的计算公式"=SUM(LEFT)"，单击"确定"按钮，林杰的各科总分就填到当前单元格中了。

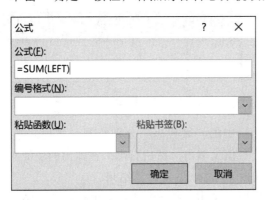

图 1.3.14　"公式"对话框

"公式"对话框中"公式"框里出现的式子"=SUM(LEFT)"称为函数。函数由函数名和运算范围组成，这里函数名是 SUM，它表示求和；运算范围是 LEFT，它表示该行中当前单元格左边的所有数字单元格。

小 贴 士

可以单击"公式"对话框中"粘贴函数"的下拉按钮，从弹出的函数名列表中了解 Word 提供了哪些函数。

Word 中常用的函数如下：

=SUM（运算范围）	计算指定范围内各单元格中数字的和
=AVERAGE（运算范围）	计算指定范围内各单元格中数字的平均值
=MIN（运算范围）	求指定范围内各单元格中数字的最小值
=MAX（运算范围）	求指定范围内各单元格中数字的最大值
=PRODUCT（运算范围）	计算指定范围内各单元格中数字的乘积
= COUNT（运算范围）	计算指定范围内包含数字的单元格的个数

常用的运算范围如下：

LEFT	在当前行中，当前单元格左边的所有数字单元格
RIGHT	在当前行中，当前单元格右边的所有数字单元格
ABOVE	在当前列中，当前单元格上边的所有数字单元格
BELOW	在当前列中，当前单元格下边的所有数字单元格

当上面四个运算范围不能有效地表达时，可以使用单元格区域名称来表示。如果参加运算的单元格范围是连续的，就用英文冒号表示，如(A1:D1) 表示 A1、B1、C1、D1 四个连续单元格区域；如果参加运算的单元格范围是不连续的，用英文逗号表示，如(A1,B2)表示 A1、B2 两个单元格。

注意：必须在英文状态下输入公式，而且函数前面必须有 "=" 号。

（2）在林杰总分数值上单击，然后右击，在弹出的快捷菜单中选择"切换域代码"命令，林杰总分单元格的内容变成代码形式，如图 1.3.15 所示。

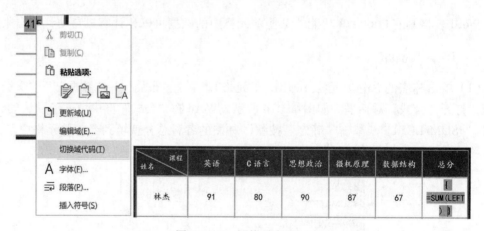

图 1.3.15　切换域代码

（3）将林杰总分单元格中的"域代码"分别复制到其他同学总分单元格中。

（4）在其他同学总分数值上单击，然后右击，在弹出的快捷菜单中选择"更新域"命令，如图 1.3.16 所示，或按 F9 键，更新计算结果。

（5）在林杰总分域代码上单击，按 F9 键，重新显示计算结果。

2．计算"单科平均分"

（1）单击英语单科平均分单元格（即 B7 单元格），单击"布局"→"数据"→"fx 公式"按钮，打开"公式"对话框，在"公式"框中删除除 "=" 以外的所有字符，并将光标置于 "=" 后，单击"粘贴函数"下拉按钮，在"粘贴函数"下拉列表中选择

"AVERAGE",在括号内输入"ABOVE",如图1.3.17所示,单击"确定"按钮,计算出英语科目的平均分。

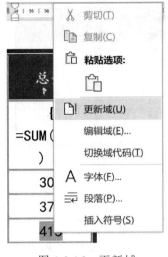

图 1.3.16　更新域　　　　　　　　　图 1.3.17　计算"平均分"

(2)仿照上面的方法,计算出其他课程的单科平均分。

1.3.5　排序

在学生成绩表中,按"总分"升序排序,总分相同的情况下按"C语言"升序排序。

如果对整个表格进行排序,将插入点光标置于表格内任意一个单元格即可;如果对表格的部分单元格区域进行排序,则需先选定这些单元格区域。

(1)选定第1行到第6行,单击"布局"→"数据"→"排序"按钮,弹出"排序"对话框,如图1.3.18所示。

(2)在"主要关键字"的下拉列表中选择"总分",选择"升序"单选按钮。

(3)在"次要关键字"的下拉列表中选择"C语言",选择"升序"单选按钮。

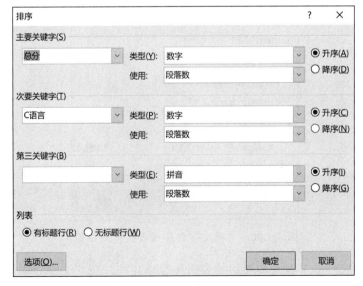

图 1.3.18　"排序"对话框

（4）单击"确定"按钮，排序结果如图 1.3.19 所示。

2020 级软件(1)班学生成绩表

姓名＼课程	英语	C 语言	思想政治	微机原理	数据结构	总分
陈强	53	65	70	49	72	309
李小明	67	85	70	54	60	336
赵蝶	84	78	79	66	68	375
黄南	79	85	84	66	61	375
林杰	91	80	90	87	67	415
单科平均分	74.8	78.6	78.6	64.4	65.6	

图 1.3.19　排序结果

📖 知识拓展

对于有规律的文本内容，Word 2016 可以将其转换为表格；同样，Word 2016 也可以将表格转换成排列整齐的文本。

1）将文本转换成表格

（1）在 Word 文档中输入文本，在需要转换为表格的文本中通过插入分隔符来指明在何处将文本分成行、列，这些分隔符可以是制表符、空格、段落标记、逗号等。我们在希望分列的位置使用制表符，在希望分行的位置按回车键。

（2）选定要转换为表格的文本，单击"插入"→"表格"→"表格"按钮。

（3）在打开的下拉菜单中选择"文本转换成表格"命令，打开"将文字转换成表格"对话框，如图 1.3.20 所示。

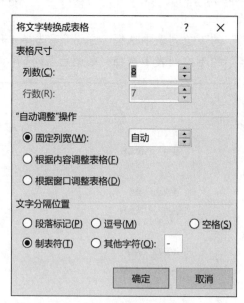

图 1.3.20　"将文字转换成表格"对话框

（4）在"列数"框中输入转换后的表格每行分几列，在"文字分隔位置"栏中选择将文字转换成表格时列之间的分隔标记，因为我们在输入文本时使用的是制表符，因此选中制表符作为分隔表格列的分隔符（注意：要与文本中的分隔符相同）。

（5）单击"确定"按钮，文本就转换成表格了。

2）将表格转换成文本

（1）选定要转换成文本的表格，单击"布局"→"数据"→"转换为文本"按钮，打开"表格转换成文本"对话框，如图 1.3.21 所示。

（2）在"文字分隔符"栏中选择一种分隔符号。

（3）单击"确定"按钮，转换完成。

图 1.3.21 "表格转换成文本"对话框

任务 1.4 "毕业论文"排版

任务描述

张健临近毕业，他按照毕业设计任务书的要求，在老师的指导下，完成了论文内容的书写。下一步，他将使用 Word 2016 对论文进行编辑排版，排版依据是教务处公布的"毕业论文格式要求"。

毕业论文不仅文档长，而且格式多，处理起来比普通文档要复杂得多。比如，为章节和正文快速设置相应的格式，自动生成目录，为奇偶页添加不同的页眉、页脚等。张健在老师的指导下，经过反复操作，顺利地解决了这些问题，完成了对毕业论文的排版工作，最终呈现效果如图 1.4.1 所示。

图 1.4.1 毕业论文

任务分析

▶ 任务技能目标

通过本次任务，掌握以下技能：

（1）掌握样式与模板的创建和使用；

（2）熟悉分页符和分节符的插入，掌握页眉、页脚、页码的插入和编辑等操作；

（3）掌握为图表创建题注并交叉引用等操作；

（4）掌握目录的制作和编辑操作；

（5）能够将文档加密发布为 PDF 格式文档。

▶ **核心知识点**

样式的创建和使用，插入分页符和分节符，插入和编辑页眉、页脚、页码，制作目录

□ **任务实现**

1.4.1　页面设置

打开"毕业论文（素材）.docx"文档，设置上、下、右页边距为 2.54 厘米，左页边距为 3.17 厘米，装订线位置靠左 0.6 厘米。

1.4.2　设置文档格式

通常情况下，可以使用两种方法进行格式设置：第一种是对文字、段落或图片等逐一设置；第二种是利用样式进行设置。

样式是一组格式的集合。可以使用 Word 内置样式或者自己定义的样式进行格式设置，显然这种方法更高效。

1. Word 内置样式

1）了解内置样式

内置样式是 Word 系统自带的。用样式设置格式的方法是：选定要应用样式的内容，单击"开始"→"样式"选项组中的"其他"按钮，在展开的样式库中选择所需的样式，如图 1.4.2 所示；或者单击"样式"选项组右下角的"对话框启动器"按钮 ，打开"样式"任务窗格，如图 1.4.3 所示，在窗格中选择样式来设置字符和段落格式。

图 1.4.2　样式库

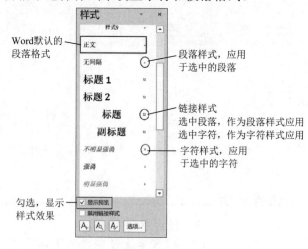

图 1.4.3　"样式"任务窗格

使用内置样式的好处有两个：一是"省时"且不会被误删除；二是使用内置样式（如标题 1～标题 9），可以充分利用 Word 的自动功能，自动生成目录和自动建立索引等。

2）修改内置样式

当内置样式不能满足用户的需求时，可以修改内置样式的格式。

实践与体验

将"标题 1"样式修改为"宋体、三号、加粗、蓝色","段前、段后间距 0.5 行，单倍行距"。

操作步骤如下：

（1）在"样式"任务窗格中，单击"标题 1"的三角箭头，在下拉菜单中选择"修改"命令，如图 1.4.4 所示，打开"修改样式"对话框，如图 1.4.5 所示。

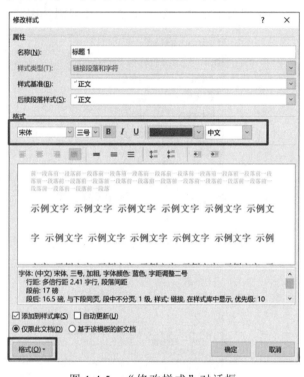

图 1.4.4 修改样式   图 1.4.5 "修改样式"对话框

（2）在"修改样式"对话框的"格式"栏中，设置一级标题格式（宋体，三号，加粗，标准色-蓝色）。

（3）单击"格式"按钮，选择"段落"命令，在打开的"段落"对话框中，设置段前间距 0.5 行、段后间距 0.5 行，单倍行距。然后依次单击"确定"按钮，完成修改。

在"修改样式"对话框中，如果勾选"自动更新"复选框，则当文档中的某处更改后，Word 会自动同步更新所有套用该样式的内容，一般不选中"自动更新"复选框；如果选中"基于该模板的新文档"复选框，则会将修改添加到模板。

2. 自定义样式

可以自己创建新的样式并给新样式命名。创建后，就可以像使用 Word 自带的内置样式那样使用新样式设置文档格式了。

可以通过"样式"任务窗格创建新样式。需要注意的是：新建样式后，会自动将新建样式套用到当前位置。因此，建议将光标定位在空白行或者准备要套用该样式的行，然后再新建样式。

现在我们将毕业论文中所需的样式全部创建出来。

（1）打开"论文素材.docx"文档，按快捷键 Ctrl+End，将插入点光标置于论文末尾的空段。

（2）单击"开始"→"样式"选项组的"对话框启动器"按钮 ，打开"样式"任务窗格。

（3）单击任务窗格左下角的"新建样式"按钮 ，打开"根据格式化创建新样式"对话框，在"名称"框中输入样式名称"论文正文"，单击"后续段落样式"框的下拉按钮，在下拉列表中选择"论文正文"，并取消选中"自动更新"复选框，如图 1.4.6 所示。

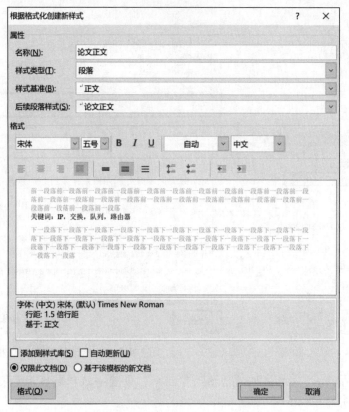

图 1.4.6　新建"论文正文"样式

（4）单击"根据格式化创建新样式"对话框左下角的"格式"按钮，在打开的菜单中依次选择"字体"和"段落"命令，设置论文正文的字符格式为宋体、五号，西文和数字为 Times New Roman、五号；段落格式为首行缩进 2 字符、1.5 倍行距，取消"如果定义了文档网格，则对齐到网格"复选框。

（5）依照上述方法，新建"论文一级标题"格式为黑体三号、加粗，居中，段前、段后间距均为 0.5 行，行距 1.5 倍。新建"论文二级标题"样式，格式为黑体，四号，加粗，左对齐，段前、段后间距均为 13 磅，行距固定值 20 磅。新建"论文三级标题"样式，格式为黑体，小四，加粗，左对齐，段前、段后间距均为 13 磅，行距固定值 20 磅。新建"关键词"样式，格式为宋体，小四，加粗，首行缩进 2 字符。新建"图表标题"样式，格式为宋体，小四，居中对齐。

创建论文各级标题样式时，在"根据格式化创建新样式"对话框中，将"样式基准"

设置为 Word 2016 默认的同级标题样式，如图 1.4.7 所示；对于"关键词"和"图表标题"等新建的样式，将"样式基准"设置为"正文"。另外，在所有"根据格式化创建新样式"对话框中，将"后续段落样式"均设置为"论文正文"。

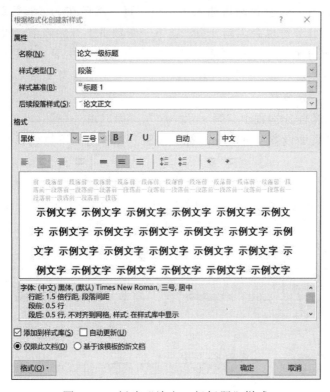

图 1.4.7　新建"论文一级标题"样式

3. 应用样式

（1）将插入点光标置于标题"摘要"中，在"样式"任务窗格中选择"论文一级标题"样式。使用相同的方法，将"第×章……"和"参考文献"也设置成"论文一级标题"样式。

（2）将类似"1.1 ……"的标题均设置成"论文二级标题"样式。

（3）将类似"2.2.1 ……"的标题均设置成"论文三级标题"样式。

（4）选择"文件"→"选项"命令，打开"Word 选项"对话框，单击"高级"选项卡，选中"保持格式跟踪"复选框，单击"确定"按钮。

（5）将插入点光标置于摘要的正文中，单击"开始"→"编辑"→"选择"按钮，在下拉菜单中选择"选择格式相似的文本"，然后单击"样式"任务窗格中的"论文正文"样式，这样各部分的正文均应用了"论文正文"样式。

（6）参照样张，将摘要中的中英文两段关键词"关键词：IP，交换，队列，路由器"和"Key words: IP, switching, queue, router"设置成"关键词"样式。

1.4.3　插入封面

在文档中插入分节符，不仅可以将文档内容划分为不同页面，而且还可以分别针对不同的节进行页面设置。

- 下一页：该分节符会强制分页，在下一页开始新的节。
- 连续：该分节符仅分节，不分页。
- 偶数页：该分节符也会强制分页，在下一偶数页上开始新节。如果下一页刚好是奇数页，该分节符会自动再插入一张空白页，然后在下一偶数页上起始新节。
- 奇数页：该分节符也会强制分页，在下一奇数页上开始新节。如果下一页刚好是偶数页，该分节符会自动再插入一张空白页，然后在下一奇数页上起始新节。

现在我们需要"第一章……"、"第二章……"……"参考文献"在新页上开始，所以要插入"下一页"分节符。

（1）将插入点光标分别置于"第一章……"、"第二章……"……"参考文献"前，单击"布局"→"页面设置"→"分隔符"按钮，在弹出的下拉列表中选择"下一页"分节符。

（2）按快捷键 Ctrl+Home，将插入点光标定位到标题"摘要"前，单击"插入"→"文本"→"对象"下拉按钮，在弹出的菜单中选择"文件中的文字"命令，打开"插入文件"对话框，在此对话框中选择"论文封面.docx"文件，单击"插入"按钮，如图 1.4.8 所示，则在首页插入了论文封面。

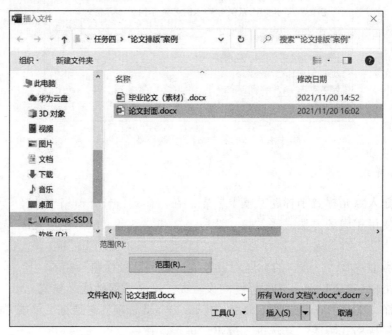

图 1.4.8　插入封面

1.4.4　创建题注并交叉引用

题注是一种可以为文档中的图表、表格、公式或其他对象添加的编号标签，如果在文档的编辑过程中对题注执行了添加、删除或移动操作，则可以一次性更新所有题注编号，而不需要再进行单独调整。

1. 插入题注

（1）选定"2.2.1 交换技术的定义"节中的图片，单击"引用"→"题注"→"插入题注"按钮，打开"题注"对话框，如图 1.4.9 所示。

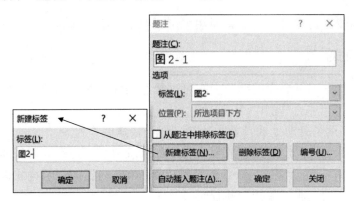

图 1.4.9 "题注"对话框

（2）单击"新建标签"按钮，打开"新建标签"对话框，在"标签"框中输入"图2-"，然后单击"确定"按钮，返回"题注"对话框，再次单击"确定"按钮。图片下方出现了题注"图 2-1"。

（3）在题注"图 2-1"后连续按两个空格键，然后输入"交换的定义"。

2. 交叉引用

（1）将插入点光标定位于"2.2.1 交换技术的定义"这一节中的文字"如图所示"中的"如"之后，按 Delete 键将"图"删除。

（2）单击"引用"→"题注"→"交叉引用"按钮，打开"交叉引用"对话框，在"引用类型"和"引用内容"下拉列表中分别选择"图 2-"和"仅标签和编号"，在"引用哪一个题注"列表框中选择"图 2-1 交换的定义"，如图 1.4.10 所示，单击"插入"按钮，单击"关闭"按钮，关闭"交叉引用"对话框。

图 1.4.10 "交叉引用"对话框

交叉引用是作为域插入文档中的，当文档中的某个题注发生变化后，只需进行一下打印预览，文档中的其他题注序号及引用内容就会随之自动更新。

3. 设置格式

选定图片，设置图片居中，并将题注应用"图表标题"样式。

1.4.5 创建目录

目录是长文档中不可缺少的部分，它可以帮助读者了解文档的章节结构，快速检索文档内容。

Word 2016 提供了自动生成目录的功能，便于快速制作目录。

由于目录是基于样式创建的，故在自动生成目录前需要将作为目录的章节标题应用样式（如"标题 1""标题 2"），一般情况下应用 Word 内置的标题样式即可。因这一步之前已经做过了，故下面可直接创建目录。

（1）将插入点光标置于标题"第一章 课题的提出"的前面，单击"插入"→"页面"→"空白页"按钮，则在第三页插入了一个空白页。

（2）将插入点光标置于空白页的页首，输入"目录"两字，应用"论文一级标题"样式，按 Enter 键换行。

（3）单击"引用"→"目录"→"目录"按钮，在弹出的下拉菜单中选择"自定义目录"命令，打开"目录"对话框。

（4）单击"目录"对话框中的"选项"按钮，打开"目录选项"对话框，对于"目录级别"下方文本框中的数字，除"论文一级标题""论文二级标题""论文三级标题"保留外，其余全部删除，如图 1.4.11 所示，单击"确定"按钮，返回"目录"对话框。继续单击"确定"按钮，关闭"目录"对话框。

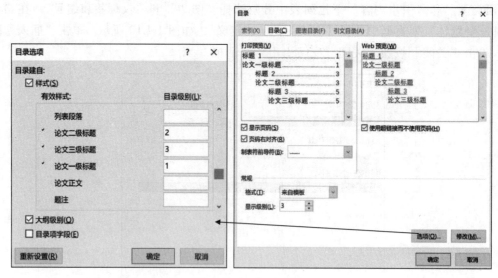

图 1.4.11 创建目录

1.4.6 在长文档中插入页眉、页脚

页眉和页脚是以"节"为单位制作的，各节之间，默认状态是"链接"的，这样修改上一节的页眉、页脚会影响到下一节，因此需要断开各节之间的链接。单击"导航"选项组中的"链接到前一节"按钮，如图 1.4.12 所示，可以断开当前节与前一节中的页

图 1.4.12 取消"链接到前一节"

眉或页脚之间的链接，页眉和页脚区域将不再显示"与上一节相同"的提示信息，此时修改本节页眉和页脚信息不会再影响前一节的内容。

（1）插入页眉。论文奇数页的页眉为论文题目"IP 交换网络设计与性能分析"，偶数页的页眉为"××职业技术学院毕业设计论文"，封面不设页眉。

① 将插入点光标置于标题"摘要"前，单击"布局"→"页面设置"→"分隔符"按钮，在弹出的下拉列表中选择"连续"分节符，插入一个连续分节符。

② 将插入点光标置于"封面"页中，单击"插入"→"页眉和页脚"→"页眉"按钮，在弹出的下拉菜单中选择"编辑页眉"命令，此时系统自动激活"页眉和页脚"选项卡，选中"选项"组中的"首页不同"复选框，如图 1.4.13 所示。由于封面不设页眉，所以不需要输入字符。

图 1.4.13 设置"首页不同"复选框

③ 单击"页眉和页脚"→"导航"→"下一条"按钮，进入"摘要"页眉区，选中"选项"组中的"奇偶页不同"复选框，单击"页眉和页脚"→"导航"→"链接到前一节"按钮，取消"链接到前一节"，输入偶数页页眉"××职业技术学院毕业设计论文"。

④ 再次单击"下一条"按钮，进入"目录"页眉区，输入奇数页页眉"IP 交换网络设计与性能分析"。

⑤ 在正文区域中双击，退出页眉编辑状态。

（2）插入页码。封面不设页码，自"摘要"页开始至最后一页在页脚区设置页码。

单击"插入"→"页眉和页脚"→"页码"按钮，打开可选位置下拉列表。既可以使用 Word 提供的预设的页码格式，也可以自定义页码格式。插入页码，插入的实际是一个域而非单纯数码，因此页码是可以自动变化和更新的。

① 在"封面"页脚区双击，由于封面不设页码，故直接单击"页眉和页脚"→"导航"→"下一条"按钮，转至"摘要"页脚区，单击"页眉和页脚"→"页眉和页脚"→"页码"按钮，在弹出的下拉菜单中选择"设置页码格式"，打开"页码格式"对话框，选择"编号格式"为"1，2，3，…"，选中"页码编号"栏中的"起始页码"单选按钮，将"起始页码"设置为"1"，如图 1.4.14 所示，单击"确定"按钮，返回页脚区。

② 单击"页眉和页脚"→"页眉和页脚"→"页码"按钮，在下拉列表中选择"当前位置"中的"普通数字"，则在"摘要"页的页脚中就插入了页码"1"。

③ 单击"下一条"按钮，转至下一页页脚区，再次单击"页码"按钮，选择"当

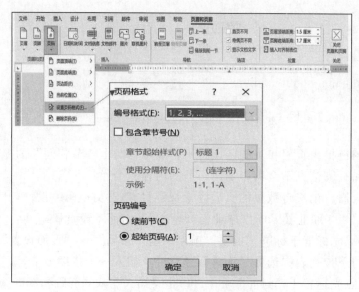

图 1.4.14　设置页码格式

前位置"中的"普通数字",插入了页码"2",完成设置。

④ 多次单击"下一条"按钮,可以看到后续页面的页码自动完成设置。

⑤ 单击"页眉和页脚"选项卡的"关闭页眉和页脚"按钮,完成对页脚的设置。

1.4.7　更新目录

目录可以自动建立,但是不能"自动更新"。也就是说,当文档中的内容发生改变后,要想看到改动后的目录,必须由用户发出"更新目录"或"更新域"命令才可以更新。

(1)单击"引用"→"目录"→"更新目录"按钮,或者在目录区右击,在弹出的快捷菜单中选择"更新域",打开"更新目录"对话框,如图 1.4.15 所示。

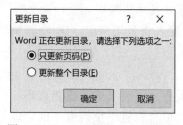

图 1.4.15　"更新目录"对话框

(2)在该对话框中选中"更新整个目录"单选按钮,然后单击"确定"按钮,即可更新目录。

(3)将文档另存为"毕业论文.docx"文档。

1.4.8　制作模板

模板是一个预设了固定格式的文档。使用模板,可以省时、方便、快捷地建立具有一定专业水平的文档。

选择"文件"→"新建"命令,可以看到 Word 提供了许多模板:一种是位于本机中的模板,包括已安装的模板和用户的自定义模板;另一种是联机模板,需要在"搜索联机模板"框中输入要搜索的模板类型,到 Office.com 中去获取。

Word 的"空白文档"就是由 Normal 模板产生的。如果 Normal.dotm 模板遭到破坏,则 Word 文档有可能打不开。解决办法是,删除 Normal.dotm 文件,Word 启动后将自动产生一个 Normal.dotm 模板文件。

如果 Word 提供的模板无法满足实际需要,可以自定义模板,让其他用户依据这个模板进行规范化写作。模板既可以由其他模板生成,也可以由文档生成。

现在我们将已排版的毕业论文格式保存为模板,方便今后使用。

（1）打开"毕业论文.docx"文档，删除内容，只留下一些提示性信息。

（2）单击"文件"→"另存为"→"浏览"按钮，弹出"另存为"对话框，选择保存路径为 Word 默认的模板文件夹"C: \用户\用户名\文档\自定义 Office 模板"，其中"用户名"指的是账户名。

（3）"保存类型"选择"Word 模板（*.dotx）"。

（4）输入模板名称"毕业论文模板"，单击"保存"按钮即可。

单击"文件"→"新建"→"个人"按钮，就可以看到用户自己定义的模板，如图 1.4.16 所示。

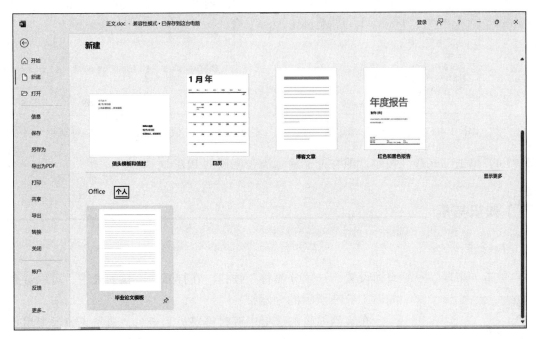

图 1.4.16　使用模板创建文档

1.4.9　加密发布为 PDF 文档

论文排版完成后，为了使老师看到的效果与排版的效果完全相同，将文档保存为 PDF 格式。

为什么要保存为 PDF 格式？我们可能遇到过这种情况，精心设计的一份文档，拿到另一台计算机上显示，却变得难看了，原来是有些字体这台计算机上没有安装。

PDF 是 Adobe 公司开发的一种格式，全名是 portable document formatf（便携式文档格式）。保存为 PDF 格式的文档，只要有 PDF Reader，在任何一台计算机上打开文档，其画面与原来的设计完全相同。

将文档输出为 PDF 格式的操作步骤如下：

（1）单击"文件"→"另存为"→"浏览"，在"另存为"对话框中，选择"保存类型"为"PDF（*.pdf)"类型。

（2）如需为 PDF 文档加密，单击"选项"按钮，打开"选项"对话框，如图 1.4.17 所示。在"选项"对话框中，选中"使用密码加密文档"复选框，单击"确定"按钮。

（3）弹出"加密 PDF 文档"对话框，如图 1.4.18 所示，输入密码，再重复输入一遍密码，单击"确定"按钮，返回"另存为"对话框。

图 1.4.17 "选项"对话框

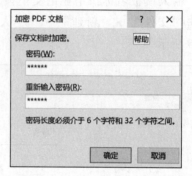

图 1.4.18 "加密 PDF 文档"对话框

（4）单击"保存"按钮，即将论文输出为带密码的 PDF 文档。

知识拓展

1. 分页符

单击"布局"→"页面设置"→"分隔符"按钮，在打开的下拉列表中，可以看到如图 1.4.19 所示的分隔符。

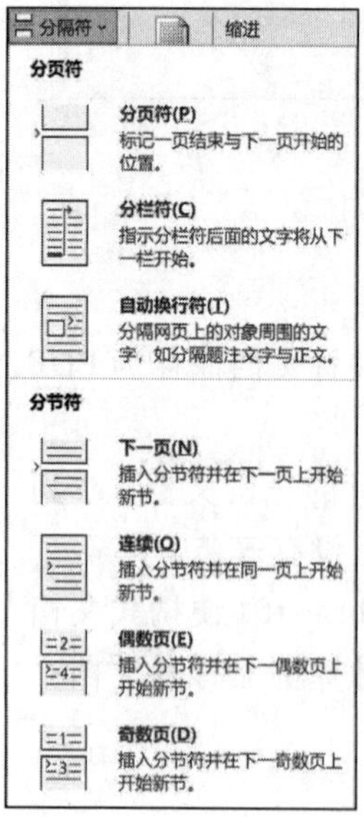

在文档编辑的过程中有时需要另起一页，通常人们习惯用加入多个空行的方法使新的部分另起一页，这种做法会导致修改文档时重复排版，降低工作效率。我们可以使用插入分页符来达到分页布局的目的。

将光标置于需要分页的位置，单击"布局"→"页面设置"→"分隔符"按钮，在下拉列表中选择"分页符"，即可将光标后的内容布局到一个新页面中，分页符前后页面设置的属性及参数均保持一致。

图 1.4.19 分隔符

2. 自动换行符

如果需要在一个段落内强制换行，可以将光标置于需要换行的位置，单击分隔符中的"自动换行符"，或者按快捷键 Shift+Enter，则在光标处出现换行符↓。换行符后的文字将另起一行，另起一行的新行与上行仍同属一个段落。

3. 在大纲视图中草拟文档结构

大纲特指著作、讲稿等的内容要点。现实生活中，当我们写较长的文档时，一般先确定文档的结构和大纲，然后再根据大纲收集素材，编写文稿。这种工作方式反映在

Word 中就是：先在大纲视图中草拟大纲，然后切换到页面视图编辑文档的其他内容。

（1）新建文档并草拟文档结构。Word 中的文字分为"正文"和"标题"两类，并通过段落的"大纲级别"（1～9 级、正文文本）属性来区分。大纲的级别体现内容的包含关系，比如 2 级内容从属于 1 级，3 级内容从属于 2 级，所有这些有等级的内容形成了文档的结构。

 实践与体验

新建"论文.docx"文档，并在大纲视图中，草拟如图 1.4.20 所示的文档结构。

① 新建空白文档，单击"视图"→"视图"→"大纲"按钮，进入大纲视图，如图 1.4.20 所示。

图 1.4.20 在大纲视图中草拟文档结构

② 在文档中输入"摘要"，按 Enter 键。对照图 1.4.20，输入其他内容，默认大纲级别为 1 级。

③ 选定"课题的背景""课题的提出""技术背景""交换技术""常见的解决方法"，设置为大纲级别 2 级。

④ 选定"交换技术的定义""交换技术的分类"，设置为大纲级别 3 级。

⑤ 单击"关闭大纲视图"按钮，返回页面视图。

⑥ 保存为"论文.docx"文档。

（2）搜索及收集素材。初步确定了文档的结构及大纲后，通常会查阅书籍或在 Internet 上查找资料，然后将收集的资料复制到文档中，最后再整理、编辑。

在原始资料收集过程中，复制资料时，建议使用直接粘贴（即保留源格式），而不是"只保留文本"。这些源格式（如段落的大纲级别、项目符号、粗体、大号字）能为后期资料整理提供参考。

4. 插入脚注和尾注

脚注和尾注一般用于在文档和图书中显示引用资料的来源，或者用于输入说明性或补充性的信息。脚注位于当前页面的底部或指定文字的下方，而尾注则位于文档的结尾处或者指定节的结尾。脚注和尾注均通过一条短横线与正文分隔开。二者均包含注释文本。该注释文本位于页面的结尾处或者文档的结尾处，且都比正文文本的字号小一些。

在文档中插入脚注或尾注的方法如下：

（1）在文档中选择需要添加脚注或尾注的文本，或者将光标置于文本的右侧。

（2）单击"引用"→"脚注"→"插入脚注"按钮，即可在该页面的底端加入脚注区域，在脚注区域中输入注释文本，如图 1.4.21 所示。

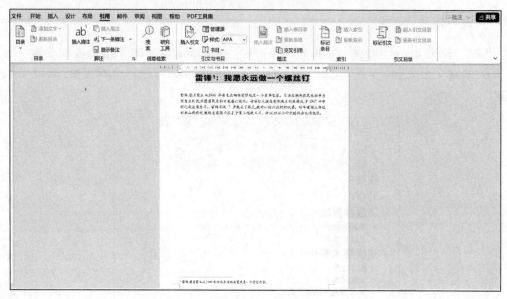

图 1.4.21　插入脚注

（3）单击"插入尾注"按钮，即可在文档的结尾加入尾注区域，在尾注区域中输入注释文本。

（4）单击"脚注"选项组中的"对话框启动器"按钮，打开"脚注和尾注"对话框，如图 1.4.22 所示，可对脚注或尾注的位置、格式及应用范围等进行设置。

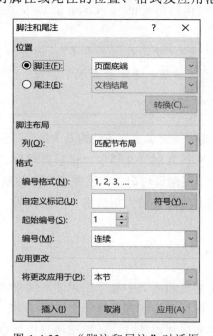

图 1.4.22　"脚注和尾注"对话框

当插入脚注或尾注后，不必向下滚到页面底部或文档结尾处，只需将鼠标指针停留在文档中的脚注或尾注引用标记上，注释文本就会出现在屏幕提示中。

任务 1.5 | 编写课程内容提纲

任务描述

由于 Word 新大纲和课程标准的出台，教研室安排老师编写新的课程内容提纲，这是一项需要由各位任课老师协同完成的工作。首先由课程负责人拟定框架，按任务申领情况分发给相关的老师。各位老师分头撰写，发回课程负责人，由课程负责人审阅、汇总完成。撰写内容如图 1.5.1 所示。

像这种一个文档需要由多人共同编写的情况，可以利用 Word 2016 提供的主控文档的功能，实现多个文档之间的数据获取。

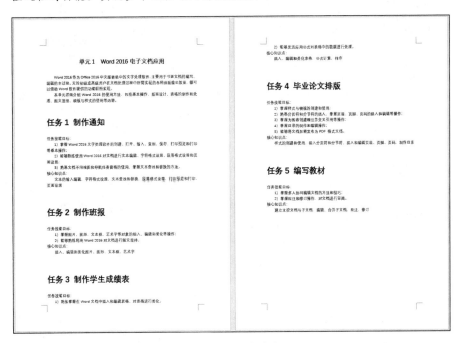

图 1.5.1　课程内容提纲

任务分析

▶ 任务技能目标

通过本次任务，掌握以下技能：

（1）掌握多人协同编辑文档的方法和技巧；

（2）掌握批注和修订操作，对文档进行审阅。

▶ 核心知识点

建立主控文档与子文档，编辑、合并子文档，批注，修订

⬚ 任务实现

1.5.1 建立主控文档和子文档

课程负责人首先要建立主控文档，然后在主控文档中建立子文档，利用主控文档来组织管理子文档。

（1）启动 Word 2016，创建主控文档，内容如图 1.5.2 所示。

（2）选定主控文档的标题"单元 1　Word 2016 电子文档应用"，选择"开始"→"样式"→"标题"，将它设置为标题样式。再分别把"任务 1　制作通知""任务 2　制作班报""任务 3　制作学生成绩表""任务 4　毕业论文排版""任务 5　编写教材"5 部分的首行标题都设置为"标题 1"样式，如图 1.5.3 所示。

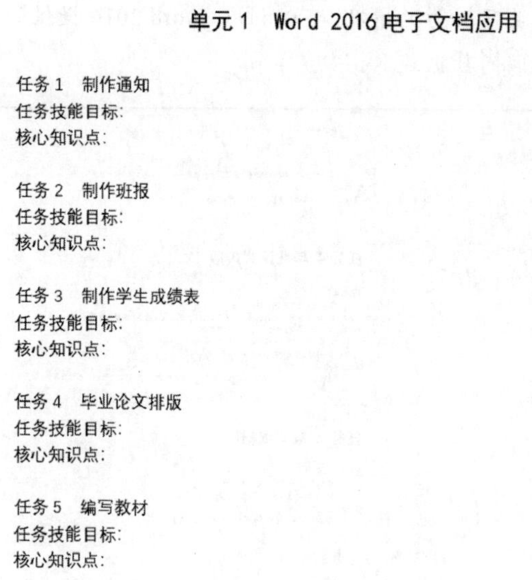

单元 1　Word 2016 电子文档应用

单元 1　Word 2016 电子文档应用

任务 1　制作通知
任务技能目标：
核心知识点：

任务 2　制作班报
任务技能目标：
核心知识点：

任务 3　制作学生成绩表
任务技能目标：
核心知识点：

任务 4　毕业论文排版
任务技能目标：
核心知识点：

任务 5　编写教材
任务技能目标：
核心知识点：

图 1.5.2　主控文档

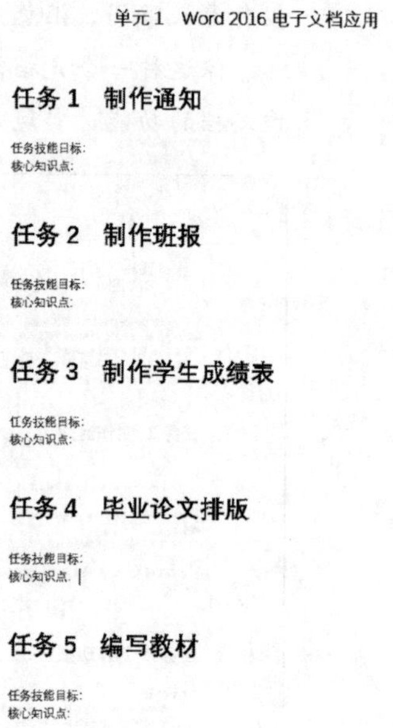

任务 1　制作通知

任务技能目标：
核心知识点：

任务 2　制作班报

任务技能目标：
核心知识点：

任务 3　制作学生成绩表

任务技能目标：
核心知识点：

任务 4　毕业论文排版

任务技能目标：
核心知识点：

任务 5　编写教材

任务技能目标：
核心知识点：

图 1.5.3　设置样式

（3）单击"视图"→"视图"→"大纲"按钮，切换到"大纲视图"。

（4）单击"大纲显示"→"主控文档"→"显示文档"按钮，展开"主控文档"区域。按快捷键 Ctrl+A 选定全文，单击"大纲显示"→"主控文档"→"创建"按钮，把文档拆分为 6 个子文档，系统会将拆分的 6 个子文档内容分别用框线围起来，如图 1.5.4 所示。

（5）将主控文档命名为"word 课程内容提纲.docx"，保存到一个单独的文件夹中，此时 Word 同时在该文件夹中自动创建了"单元 1　Word 2016 电子文档应用.docx"和"任务 1　制作通知.docx"等 6 个子文档，如图 1.5.5 所示。

注意：在保存主控文档后子文档就不能再改名、移动了，否则主控文档会因找不到子文档而无法显示。

图 1.5.4　将主控文档拆分成子文档

名称	修改日期	类型
word课程内容提纲.docx	2022/6/23 21:51	DOCX 文档
单元1 Word 2016电子文档应用.docx	2022/6/23 21:51	DOCX 文档
任务1 制作通知.docx	2022/6/23 21:51	DOCX 文档
任务2 制作班报.docx	2022/6/23 21:51	DOCX 文档
任务3 制作学生成绩表.docx	2022/6/23 21:51	DOCX 文档
任务4 毕业论文排版.docx	2022/6/23 21:51	DOCX 文档
任务5 编写教材.docx	2022/6/23 21:51	DOCX 文档

图 1.5.5　保存子文档

小贴士

　　也可以将一个已存在的文档作为子文档，插入已打开的主控文档中，这样可以将已存在的若干文档合理组织起来，构成一个长文档。
　　（1）打开主控文档，切换到大纲视图下，将光标移动到要插入子文档的位置。
　　（2）单击"大纲显示"→"主控文档"→"展开子文档"按钮，单击"插入"按钮，弹出"插入子文档"对话框。
　　（3）在"插入子文档"对话框的文件列表中找到要添加的文件，然后单击"打开"按钮。

1.5.2　打开、编辑、锁定及删除子文档

　　（1）课程负责人把各个子文档按分工发给各位老师进行编辑，各位老师编辑好之后发回，课程负责人再把这些发回的文档复制粘贴到原文件夹中覆盖同名文件，即可完成汇总。

　　（2）打开主控文档"word 课程内容提纲.docx"，看到文档中只有几行子文档的地址链接，如图 1.5.6 所示。若要打开某个子文档，在按住 Ctrl 键的同时单击子文档名称，子文档的内容将自动在 Word 新窗口中显示，可以对子文档的内容进行修改、批注，如图 1.5.7 所示。

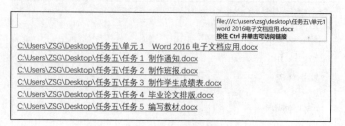

图 1.5.6 主控文档中的子文档链接

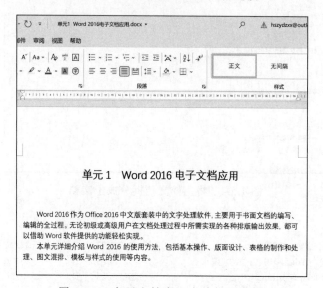

图 1.5.7 在子文档窗口中编辑子文档

也可以将主控文档切换到大纲视图下,单击"大纲显示"→"主控文档"→"展开子文档"按钮,在主控文档中显示各子文档内容进行修改、批注,所有操作都会同时保存到对应的子文档中,如图 1.5.8 所示。单击"折叠子文档"按钮,子文档又将以超链接形式显示。

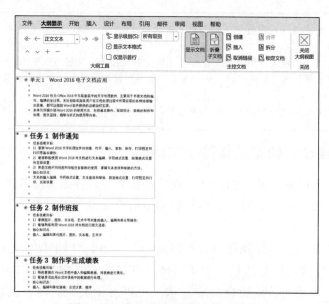

图 1.5.8 在主控文档中编辑子文档

（3）主控文档修改完成后保存。再把做过修订、批注的子文档重新发回给各位老师，各位老师再按修订、批注意见进行修改完善。

（4）重复以上步骤直至修改满意为止。

小贴士

> 如果不允许在主控文档中修改子文档，可单击"大纲显示"→"主控文档"→"锁定文档"按钮，子文档标记的下方将显示锁形标记，此时不能在主控文档中对子文档进行编辑，再次单击"锁定文档"按钮可解除锁定。
>
> 若要删除主控文档中的子文档，在主控文档大纲视图下，且子文档为展开状态时，单击要删除的子文档左上角的标记按钮，将自动选择该子文档，按 Delete 键，该子文档将被删除。在主控文档中删除子文档，只删除了与该子文档的超链接关系，该子文档仍然保留在原来位置。

1.5.3　合并子文档

"word 课程内容提纲.docx"文档编辑完成后需交给教务处审阅，考虑主控文档打开时不会自动显示内容且必须附上所有子文档等问题，显然不宜直接上交主控文档。因此还需要把编辑好的主控文档转成一个普通文档再交给教务处审阅。

（1）打开主控文档"word 课程内容提纲.docx"，单击"大纲显示"→"主控文档"→"展开子文档"和"显示文档"按钮，子文档内容全部显示出来。

（2）将光标移到要合并到主文档的子文档中，单击"大纲显示"→"主控文档"→"取消链接"按钮，子文档标记消失，该子文档内容自动成为主控文档的一部分，如图 1.5.9 所示。

（3）选择"文件"→"另存为"命令，保存后即可得到合并后的普通文档。

注意：最好不要直接保存，而是使用"另存为"保留主控文档，以备以后需要再编辑时还可以用得到。

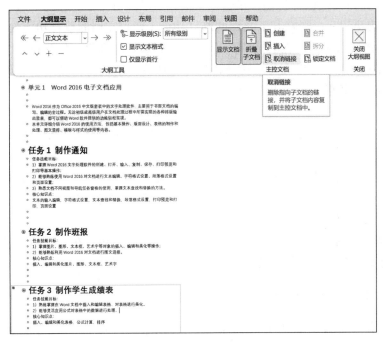

图 1.5.9　取消链接

知识拓展

1. 批注

在多人协同处理文档的过程中，很多人需要审阅同一文档，这时就可以在文档中插入"批注"信息用于表达审阅者的意见。批注并不对文档本身进行修改，而是在文档页面的空白处添加相关的注释信息，并用带有颜色的方框框起来。

（1）建立批注。选定要进行批注的内容，单击"审阅"→"批注"→"新建批注"按钮，将在页面右侧显示一个批注框。在批注框中输入批注，再单击批注框外的任何区域即可完成批注的建立。

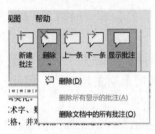

图 1.5.10　删除批注

（2）编辑批注。如果批注意见需要修改，单击批注框，进行修改后再单击批注框外的任何区域即可。

（3）删除批注。如果要删除文档中的某一条批注信息，则可以右击所要删除的批注，在弹出的快捷菜单中选择"删除批注"命令。如果要删除文档中的所有批注，则单击"审阅"→"批注"→"删除"→"删除文档中的所有批注"命令，如图 1.5.10 所示。

2. 修订

工作中，当一份报告或策划文案需要发给多人共同修改或补充意见时，会用到 Word 2016 中的修订功能。

修订用来标记对文档中所做的编辑操作。用户可以根据需求接受或拒绝每处修订，只有接受修订，文档的编辑才能生效，否则文档将保留原内容。

（1）打开/关闭文档修订功能。单击"审阅"→"修订"→"修订"按钮，如果"修订"按钮加亮突出显示，则打开了文档的修订功能，否则文档的修订功能处于关闭状态。

启用文档修订功能后，作者或审阅者的每一次插入、删除、修改或更改格式，都会被自动标记出来。用户可以在日后对修订进行确认或取消操作，防止误操作对文档带来的损害，提高了文档的安全性和严谨性。

（2）查看修订。单击"审阅"→"更改"→"上一处"或"下一处"按钮，可以逐条显示修订标记。与查看批注一样，如果参与修订的审阅者超过一个，可以先指定审阅者后再进行查看。

（3）审阅修订。在查看修订的过程中，作者可以接受或拒绝审阅者的修订。

① 接受修订。单击"审阅"→"更改"→"接受"按钮，在打开的下拉菜单中可以根据需要选择相应的接受修订命令。

② 拒绝修订。单击"审阅"→"更改"→"拒绝"按钮，在打开的下拉菜单中可以根据需要选择相应的拒绝修订命令。

 实践与体验

下面是一首北宋范仲淹的词《渔家傲》，其中有多处错误，请修订；并为某些词语加上批注，如图 1.5.11 所示。

> **渔家傲**
> 塞下秋来风景异，衡阳雁去无留意。四面边声连角起。千账里，长烟落日孤城闭。
> 浊酒一杯家万里，燕然未勒归无计。羌管悠霜满地。人不寐，将军白发征夫泪！

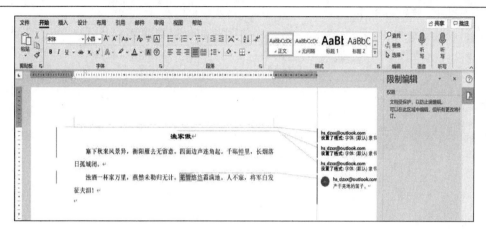

图 1.5.11　修订、批注

（1）修改错字、漏字。上面这首词里的"账"是错别字，应为"嶂"；少了个"悠"字，应为"羌管悠悠霜满地"。

（2）修改字体，将标题"渔家傲"设置成"隶书"。

（3）为"羌管"加批注，"产于羌地的笛子"。

（4）保护该文档，让审阅者只可以修订该文档（提示：选择"文件"选项卡的"信息"选项，单击"保护文档"按钮，选择"限制编辑"）。

---

3. 共享文件

Word 2016 提供了 1TB 的 OneDrive 云存储空间，可以将文件保存到云，通过设置共享与他人协作编辑。

（1）单击"文件"→"账户"→"登录"按钮，登录微软账户，如图 1.5.12 所示。

图 1.5.12　登录微软账户

（2）选择"文件"→"另存为"→"OneDrive"，将文件保存到云端，如图 1.5.13 所示。

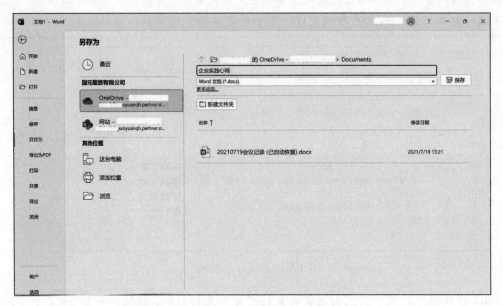

图 1.5.13 将文件保存到 OneDrive 云

（3）单击"文件"→"共享"，打开"发送链接"对话框，如图 1.5.14（a）所示，输入协作者的电子邮箱，将权限设置为"可编辑"，如图 1.5.14（b）所示，然后单击"发送"按钮，将文件共享给协作者。

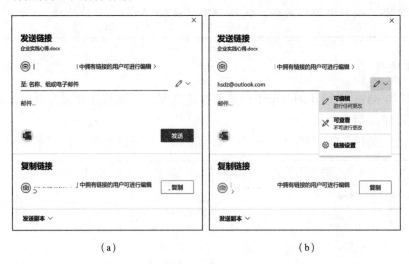

（a） （b）

图 1.5.14 共享文件

或者在"发送链接"对话框中单击"复制"按钮，复制链接，如图 1.5.15 所示，发送给协作者即可。

（4）协作者登录 OneDrive 云，打开共享链接，即可编辑该文档了。可以在线编辑，也可以在 Word 2016 中打开进行编辑。如果多人同时编辑，在文档下方会显示正在编辑的用户数以及文档的更新情况。如果下方有"可用更新"时，说明有人修改了文档，此时可以保存这些更新到该文档。

图 1.5.15　复制链接

单元小结

　　Word 2016 是现代办公必不可少的软件之一，对本单元的学习方法应该是侧重实践，这样有利于熟练掌握 Word 2016 在实际应用中的各种技巧。

　　本单元通过"制作通知"和"制作班报"2 个任务，学习了短文档的处理流程和实现方法。通过"制作学生成绩表"任务，学习了表格的编辑、美化和简单数据处理。通过"'毕业论文'排版"任务，学习了大型文档的处理流程和实现方法。通过"编写课程内容提纲"任务，学习了多人协同编辑文档的方法。

　　通过本单元的学习，应能够利用 Word 2016 顺利处理各类文档，并使其更加美观、适用。

课后习题

一、选择题

1. 在 Word 2016 中，选择一个矩形块时，应按住（　　）键并按下鼠标左键拖动。
   A. Ctrl　　　　　　　B. Shift　　　　　　　C. Alt　　　　　　　D. Tab

2. 在 Word 2016 中，段落对齐方式中的"分散对齐"指的是（　　）。
   A. 左右两端都对齐，字符少的则加大间隔，把字符分散开以使两端对齐
   B. 左右两端都要对齐，字符少的则靠左对齐
   C. 或者左对齐或者右对齐，统一就行
   D. 段落的第一行右对齐，末行左对齐

3. 关于 Word 2016，下面的说法中错误的是（　　）。
   A. 既可以编辑文本内容，也可以编辑表格

B. 可以利用 Word 2016 制作网页

C. 可在 Word 2016 中直接将所编辑的文档通过电子邮件发送给接收者

D. Word 2016 不能编辑数学公式

4. 在 Word 2016 中，将文字转换为表格时，不同单元格的内容需放入同一行时，文字间（　　）。

A. 必须用逗号分隔开

B. 必须用空格分隔开

C. 用制表符分隔开

D. 可以用以上任意一种符号或其他符号分隔开

5. 在编辑 Word 2016 文档时，如果输入的新字符总是覆盖文档中插入点处的字符，原因是（　　）。

A. 当前文档正处于改写的编辑方式　　　B. 当前文档正处于插入的编辑方式

C. 文档中没有字符被选择　　　D. 文档中有相同的字符

6. 使用 Word 2016 中的"矩形"或"椭圆"绘图工具按钮绘制正方形或圆形时，应按（　　）键的同时拖动鼠标。

A. Tab　　　　B. Alt　　　　C. Shift　　　　D. Ctrl

7. 在 Word 2016 中，下列关于查找、替换功能的叙述中，正确的是（　　）。

A. 不可以指定查找文字的格式，但可以指定替换文字的格式

B. 既不可以指定查找文字的格式，也不可以指定替换文字的格式

C. 可以指定查找文字的格式，但不可以指定替换文字的格式

D. 既可以指定查找文字的格式，也可以指定替换文字的格式

8. Word 2016 的文本框可用于将文本置于文档的指定位置，但文本框中不能直接插入（　　）。

A. 文本内容　　　　B. 图片

C. 形状　　　　D. 特殊符号

9. 在 Word 2016 中编辑文档时，为了使文档更清晰，可以对页眉、页脚进行编辑，如输入时间、日期、页码、文字等，但要注意的是，页眉、页脚只允许在（　　）中使用。

A. 大纲视图　　　　B. 草稿视图

C. 页面视图　　　　D. 以上都不对

10. 要将在其他软件中制作的图片复制到当前 Word 文档中，下列说法中正确的是（　　）。

A. 不能将其他软件中制作的图片复制到当前 Word 文档中

B. 可通过剪贴板将其他软件中制作的图片复制到当前 Word 文档中

C. 可以通过鼠标直接从其他软件中将图片移动到当前 Word 文档中

D. 不能通过"复制"和"粘贴"命令来传递图形

11. 下列关于 Word 中分页符的描述，错误的是（　　）。

A. 分页符的作用是分页

B. 按快捷键 Ctrl+Shift+Enter 可以插入分页符

C. 在"草稿"文档视图下分页符以虚线显示

D. 分页符不可以删除

12. 在 Word 表格中，拆分单元格指的是（　　）。

A. 对表格中选取的单元格按行列进行拆分

B. 将表格从某两列之间分为左右两个表格

C. 从表格的中间把原来的表格分为两个表格

D. 将表格中指定的一个区域单独保存为另一个表格

13. 一位同学正在撰写毕业论文，并且要求只用 A4 规格的纸输出，在打印预览中，发现最后一页只有一行，她想把这一行提到上一页，最好的办法是（　　）。

A. 改变纸张大小　　　　　　　　B. 增大页边距

C. 减小页边距　　　　　　　　　D. 将页面方向改为横向

14. 等于每行中最大字符高度 2 倍的行距被称为（　　）行距。

A. 2 倍　　　　　　　　　　　　B. 单倍

C. 1.5 倍　　　　　　　　　　　D. 最小值

15. 当一页已满，而文档仍然继续被输入，Word 将插入（　　）。

A. 硬分页符　　　　　　　　　　B. 硬分节符

C. 软分页符　　　　　　　　　　D. 软分节符

16. 在 Word 中可以在文档的每页或一页上打印一图形作为页面背景，这种特殊的文本效果被称为（　　）。

A. 图形　　　　　　　　　　　　B. 艺术字

C. 插入艺术字　　　　　　　　　D. 水印

17. 在 Word 编辑状态下，操作的对象经常是被选择的内容，若鼠标在某行行首的左边，下列（　　）操作可以仅选择光标所在的行。

A. 双击鼠标左键　　　　　　　　B. 单击鼠标右键

C. 将鼠标左键击三下　　　　　　D. 单击鼠标左键

18. 在 Word 编辑中，模式匹配查找中能使用的通配符是（　　）。

A. +和-　　　B. *和,　　　C. *和?　　　D. /和*

19. 要想观察一个长文档的总体结构，应当使用（　　）方式。

A. 主控文档视图　　　　　　　　B. 页面视图

C. 全屏幕视图　　　　　　　　　D. 大纲视图

20. 当插入点在表格的最后一行最后一单元格时，按 Tab 键，将（　　）。

A. 在同一单元格里建立一个文本新行

B. 产生一个新列

C. 将插入点移到新的一行的第一个单元格

D. 将插入点多到第一行的第一个单元格

二、填空题

1. 在 Word 中，单击鼠标_____可以取得与当前工作相关的快捷菜单，方便快速地选取命令。

2. Word 文档中的段落标记可按_____键产生，它在表示本段落结束的同时，还记载了_____信息。

3. 只查看大标题，或重组长文档时，运用_____视图是很方便的。

4. 在 Word 编辑状态下，要在 Word 窗口中显示水平标尺，应选中_____选项卡里的_____选项组中的_____复选框。

5. 制表位包括五种，即左对齐、右对齐、_____、_____和_____。

6. 打印文件时，如果只需要打印第 1 页和第 4 页至第 8 页，应在"打印"对话框中设置页面范围为_____。

7. Word 模板文件的扩展名为_____。

8. Word 样式是_____；对文档中某个文本使用某种样式，可使该文本具有_____。

9. 在 Word 中可以使用_____选项卡里的_____选项组中的_____命令轻松地统计出当前文档字数、段数、页数等信息。

10. 文档在_____和_____方式下，屏幕显示可与打印结果完全相同，即可看到页面上的多栏版面、页眉页脚、脚注、尾注。

三、操作题

1. 打开"雷锋（素材）.docx"文件，参照下图，按以下要求进行排版。

（1）设置标题文字的格式为微软雅黑、小二、加粗，并添加黄色底纹，底纹图案为 12.5%的红色杂点，字符间距加宽 2 磅，字符缩放 120%，标题居中，段后间距为 1.5 行。

（2）设置第一段"雷锋,原名雷正兴……"华文楷体、蓝色，首字下沉 2 行，并将段落分为两栏，加分隔线。

（3）为第二段"1949 年 8 月,湖南解放时……"添加 3 磅红色单实线外边框，框内文本距离边框上下左右各 3 磅，1.5 倍行距，分散对齐。

（4）设置第三段"1959 年 12 月征兵开始……"悬挂缩进 2 个字符，左右分别缩进 2 个字符和 1 个字符。

（5）将文章中第三、四段的"雷锋"替换为"雷锋同志"。

（6）设置纸张大小为 16 开，左、右页边距设为 2 厘米，上、下页边距设为 3 厘米。

（7）添加页眉，内容为"雷锋: 我愿永远做一个螺丝钉"，页眉中无空行，设置为右对齐。

（8）在文档的右下角插入页码，页脚中无空行。

（9）在文章最后添加一个 3 行×4 列的表格，表格的外边框为 3 磅红色单实线，内边框为 1.5 磅蓝色虚线。

2．参照下图制作"数学方舟.docx"文档。

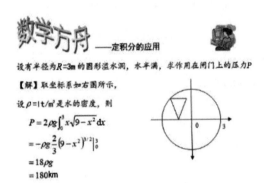

3．参照下图，绘制"员工信息采集表"。

（1）将纸张大小设为 A4，左、右页边距设为 2.7 厘米，上、下页边距设为 2.5 厘米。

（2）将标题"员工信息采集表"字体格式设为微软雅黑、小二，居中，段后间距设为 0.5 行。

（3）将表格内文字设为"仿宋体，小四"。

（4）设置表格框线: 内框线为"黑色、单实线、0.5 磅"，外框线为"黑色、双实线、0.75 磅"。

（5）给单元格设置"白色，背景 1，深色 15%"底纹，将"本公司工作经历""主要教育经历""主要工作经历" 3 个单元格设置为"竖排文字、中部居中"。

（6）将"填表说明……"段设置字体格式为"微软雅黑、五号，首行缩进 2 字符，1.3 倍行距"。

（7）浏览排版效果，调整单元格大小，自行设置其他格式。

员工信息采集表

姓 名		性 别		出生年月		
民 族		籍 贯		政治面貌		
学 历		学 位		职 称		
毕业学校				专业方向		
身份证号				通信地址		
电 话				E-MAIL		
本公司工作经历	(200 字以内，工作部门以及内容)					
主要教育经历	(200 字以内，从高中以后开始填写，包括培训)					
主要工作经历	(200 字以内，概要介绍个人工作经历，以及参与的主要工作)					

填表说明：可以加页。照片为一寸近期正式免冠蓝底电子版照片（JPG 格式），填写完成后，

发送至人力资源部邮箱，hs@intcmatrix.com，资料上交截止时间为 2021 年 11 月 10 日

4．重新设置任务 4 "毕业论文" 的页眉、页脚，每一章起始页的页眉都是对应章节的一级标题，下一页的页眉是 "××职业技术学院毕业设计论文"。页码只对章节的内容页设置，即第一章起始页的页码是 "1"，一直连续排到最后一章结束页，其余页均不设页码。

2 单元 | Excel 2016 电子表格

单元导读

E xcel 提供了进行各种数据处理、统计分析和辅助决策的操作环境和多种工具，广泛地应用于管理、财经、统计、审计和金融等众多领域。在 Excel 中，应用丰富的公式和函数，结合多种灵活方便的单元格引用方式，可以执行计算、分析信息并管理电子表格。

本单元详细介绍 Excel 2016 的使用方法，包括基本操作、格式设置、公式和函数的使用、数据的排序、筛选、分类汇总、数据透视表创建等内容。

任务 2.1 制作学生成绩表

任务描述

学期末的课程考试结束了，作为班级学习委员的小李需要帮助老师制作一份电子学生成绩表，并以"学生成绩表"为文件名进行保存。表格需要体现出课程、学生和成绩的相关信息，界面简洁。小李使用 Excel 完成学生成绩表制作，最终效果如图 2.1.1 所示。

序号	班级	学号	姓名	平时成绩50%	期末成绩50%	总评成绩	备注
	计算机学院2021-2022学年第1学期成绩登记表						
	学生学院：计算机学院			考核方式：考查			
	课程名称：办公软件应用			学分：4.0			
1	软件班	2001301001	李峰	83	91	87	
2	软件班	2001301002	冯岩	82	89	86	
3	软件班	2001301003	鲍远兵	85	80	83	
4	软件班	2001301004	姜男	81	64	73	
5	软件班	2001301005	赵国强	88	68	78	
6	软件班	2001301006	杨凯	85	61	73	
7	软件班	2001301007	裴倩倩	87	82	85	
8	软件班	2001301008	王维	58	45	52	
9	软件班	2001301009	张丰	84	75	80	
10	软件班	2001301010	郭晓旭	95	92	94	
11	软件班	2001301011	朱瑶	88	77	83	
12	软件班	2001301012	陈小娟	87	76	82	
13	软件班	2001301013	史运佳	91	87	89	
14	软件班	2001301014	张旭	89	97	93	
15	软件班	2001301015	李孝超	96	87	92	
16	软件班	2001301016	闫会会	96	94	95	
17	软件班	2001301017	张伟	84	67	76	

图 2.1.1 学生成绩表

任务分析

▶ 任务技能目标

通过本次任务，掌握以下技能：

（1）熟悉相关工具的功能和操作界面；

（2）掌握工作簿和工作表的基本操作；

（3）掌握单元格、行和列的相关操作；

（4）能够正确快速输入数据；

（5）能够设置单元格格式。

▶ 核心知识点

工作簿和工作表基本操作，数据输入，单元格格式设置

▔□ **任务实现**

2.1.1 新建表格

1. 新建空白工作簿

Excel 软件创建的文件就是工作簿，它的作用类似一个电子账本，由工作表、图表等组成。工作簿可以将多张有联系的电子表格组合在一起，作为存储和处理数据的一个文件。

双击桌面"Excel"图标新建一个 Excel 文件，或在桌面空白位置右击，在弹出的快捷菜单中选择"新建"→"Microsoft Excel"命令新建文件。也可以双击打开一个已有的 Excel 文件，单击"文件"→"新建"→"空白工作簿"按钮，如图 2.1.2 所示。

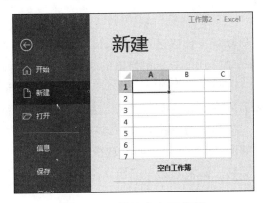

图 2.1.2 新建空白工作簿

工作表是用于存储和处理数据的电子表格，由列和行相交所形成的单元格组成。一个工作簿默认有 1 张工作表，名称为 Sheet1。

系统会自动新建一个名为"工作簿 1"的文件，文件中包含一张"Sheet1"空白工作表，用户可以在默认工作表的表格中进行内容的添加和编辑，如图 2.1.3 所示。

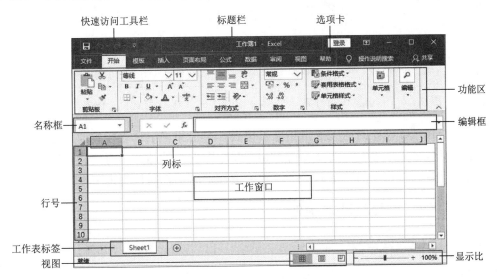

图 2.1.3 空白工作表界面

由图 2.1.3 可以看出，Excel 的工作界面也有跟 Word 界面类似的标题栏、选项卡、功能区、视图等区域，可以参照 Word 中的相应介绍。下面主要说明与 Word 不同的部分。

（1）名称框：用于显示当前活动单元格的位置，也可以编辑单元格或者区域名称。

（2）编辑框：用于编辑和显示单元格中的数据和公式。左侧有 3 个按钮：

- "取消×"：用于恢复编辑框输入内容之前的状态。
- "输入✓"：用于确认编辑框中的内容输入完成。
- "插入函数 *fx*"：用于在选定的单元格中插入函数。

（3）行号、列标：行号用数字标识一行，列标用字母标识一列。

（4）工作表标签：用于标识工作表名称，当工作簿中有多张工作表时，可以单击工作表标签进行工作表切换。

（5）视图：Excel 2016 的工作簿视图有普通视图、页面布局视图、分布预览视图和自定义视图，其中最常用的是利用普通视图来查看文档。

2. 工作表操作

用鼠标双击窗口左下角默认工作表名称"Sheet1"，重新命名工作表为"学生成绩表"。也可以在工作表标签"Sheet1"上右击，在弹出的快捷菜单中选择"重命名"命令，如图 2.1.4 所示。

用户也可以根据实际需要在工作表标签处点击鼠标右键插入新工作表、复制工作表、移动工作表和删除工作表。在弹出的下拉列表中选择 "移动或复制"选项，打开"移动或复制工作表"对话框，如图 2.1.5 所示，如果选中"建立副本"复选框，单击"确定"按钮后，即可实现工作表复制，如果未选中"建立副本"复选框，单击"确定"按钮后，即可实现工作表移动。

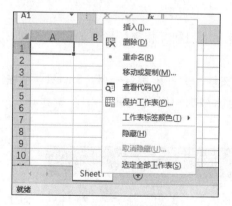

图 2.1.4　右击工作表标签　　　　图 2.1.5　"移动或复制工作表"对话框

在对工作表进行操作时应先选定相应工作表：单击相应工作表标签即可选定单张工作表；要选定多张工作表时，需要使用 Shift 键或者 Ctrl 键辅助，再选择相应的工作表标签。取消对多张工作表的选定时单击一张未被选定的工作表标签即可。

2.1.2　行、列、单元格基本操作

1. 调整行高和列宽

鼠标指针移到窗口左侧第一行的行号 1 上，当鼠标指针变成向右的黑色箭头时单击，

即可选中表格的第一行，然后依次选取"开始"→"单元格"→"格式"→"行高"按钮，在弹出的对话框中设置行高为 30，如图 2.1.6、图 2.1.7 所示。用同样的方式设置第二行和第三行的行高为 20。

鼠标指针移到表格编辑区上方第一列的列标 A 上，当鼠标指针变成向下的黑色箭头时，按下鼠标并向右移动鼠标至 H 列后松开鼠标按键，即可选中 A 列至 H 列，然后依次单击"开始"→"单元格"→"格式"→"列宽"按钮，在弹出的对话框中设置列宽为 10，如图 2.1.8 所示。

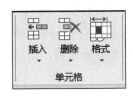
图 2.1.6　格式

图 2.1.7　行高设置

图 2.1.8　列宽设置

2．行、列基本操作

如需选择一行，只要将鼠标指针移到该行的行号上，当鼠标指针变成向右的黑色箭头时单击，即可选定一行。选择一列时，只要将鼠标指针移到该列的列标上，当鼠标指针变成向下的黑色箭头时单击，即可选定一列。可以进行插入、删除行和列操作。

（1）插入行和列：用鼠标选取一行或者一列，依次选取"开始"→"单元格"→"插入"，如图 2.1.9 所示，即可在选中行的上方插入一行，或者在选中列的左侧插入一列。

（2）删除行和列：用鼠标选取一行或者一列，依次选取"开始"→"单元格"→"删除"，即可删除选中行或者选中列。

图 2.1.9　插入行和列

3．合并单元格

单元格是指在工作表中由行和列交叉形成的长方格。单元格的名称默认用单元格的列标和行号表示，如 A3 单元格，表示该单元格在工作表的第 A 列第 3 行，也可以为单元格或单元格区域自定义名称。工作表中可以进行插入和删除单元格、调整单元格的高度和宽度、合并和拆分单元格等操作。

在编辑单元格之前，需要先选定单元格：将鼠标指针移到要选择的单元格上，当鼠标指针变成空心十字形时，单击即可选中该单元格。被选定的单元格被粗黑边框线框出，此时有粗黑边框的单元格变成当前活动单元格。

选中 A1 至 H1 单元格，然后依次选取"开始"→"对齐方式"→"合并后居中"按钮，合并 A1 至 H1 单元格，如图 2.1.10 所示。如需取消合并，可以再次单击"合并后居中"。

单元格合并操作也可以在"设置单元格格式"对话框的"对齐"选项卡"文本控制"中勾选"合并单元格"选项，若取消勾选即可取消合并。

图 2.1.10　合并后居中

2.1.3 输入数据

1. 数据的输入

用户可以在当前活动单元格中输入数据, 单元格中允许输入的数据类型有数值、货币、日期、时间、百分比、分数、文本等。

按照学生成绩表最终效果图, 在表格编辑区中, 用鼠标单击选取对应单元格, 即可在当前活动单元格内输入成绩表的课程信息、列标题和学生姓名等数据。文字和数值都

图 2.1.11　插入特殊符号

可以直接输入, 如果需要输入特殊符号, 可以单击"插入"→"符号"按钮来选择填入特殊符号, 如图 2.1.11 所示。

2. 数据的快速输入

1) 字符快速输入

在进行数据输入时, 可以使用填充柄快速输入相同中英文字符。如选中 B5 单元格, 填写"软件班", 将鼠标指针移动到 B5 单元格的右下角, 当鼠标指针由空心粗十字形状⬧变成黑色细十字形状➕时, 这个黑色小方块就是"填充柄", 按下鼠标左键, 向下拖动至最后一位同学的序号处, 释放鼠标左键后即会出现"自动填充选项"按钮, 单击其右侧下拉按钮选择填充方式, 选中"复制单元格"单选按钮, 则按复制方式填充相同文字内容, 如图 2.1.12 所示。

2) 数值快速输入

在进行数据输入时, 如果需要输入的数据是由序列构成的, 如序号、学号等, 不需逐个输入, 可以使用填充柄快速输入数值数据, 提高工作效率。如选中 A5 单元格, 填写数字序号"1", 将鼠标指针移动到 A5 单元格的右下角, 当鼠标指针变为➕形状时, 按下鼠标左键, 向下拖动至最后一位同学的序号处, 释放鼠标左键后即会出现"自动填充选项"按钮, 单击其右侧下拉按钮选择填充方式, 选中"填充序列"单选按钮, 则序号按照 1、2、3……的规律进行填充, 如图 2.1.13 所示。

假如需要设置的序号为 001、002、003……形式, 若在单元格中直接输入"001"并按 Enter 键后, 则单元格显示的是"1"。因此, 需要在单元格中输入一个英文单引号"'", 再输入"001", 按 Enter 键确定, 最后使用填充柄快速输入数值数据, 这样可以避免系统自动将第一位"0"略去。

图 2.1.12　复制单元格　　　　图 2.1.13　填充序列

3) 其他方式快速填充单元格

(1) 使用"填充"命令。在 A5 单元格输入 1, 选定单元格区域 A5:A30, 依次选择

"开始"→"编辑"→"填充"按钮，在其子菜单中选择"序列"命令，打开"序列"对话框，如图 2.1.14 所示。在"序列"对话框中选择"列"和"等差数列"，"步长值"设为 1，单击"确定"按钮。

图 2.1.14 "序列"对话框

执行"编辑"组中的"填充"命令时，可以选择"向上"、"向下"、"向左"或"向右"四个填充方向。

（2）使用"自定义序列"。如果 Excel 提供的序列不能满足特殊要求，这时可以利用自定义序列功能来建立需要的序列。

单击"文件"选项卡，选择"选项"命令。在弹出的"Excel 选项"对话框中选择"高级"选项，并单击"常规"类别中的"编辑自定义列表"按钮。在弹出的"自定义序列"对话框中，选择"新序列"，在"输入序列"框中输入新建立序列的每一项，输入一项按一下 Enter 键。例如，依次输入春、夏、秋、冬，单击"添加"按钮，将自定义的新序列添加到"自定义序列"的列表中，最后单击"确定"按钮完成，如图 2.1.15 所示。

图 2.1.15 自定义序列

建立好自定义序列后，就可以利用填充柄或"填充"命令使用它了。在某单元格输入"春"后，拖动填充柄，可生成序列：春、夏、秋、冬。

3. 设置数据有效性验证

用户在输入数据时可能会因为一些误操作造成输入错误数据，为避免用户误操作，可以在指定的重要单元格区域设置数据验证，指定单元格区域内输入数据时只能输入满足有效性条件的数据。

（1）学号的有效性设置。学生成绩表中的学号的位数为 10 位，可以规定学号单元格输入长度，从而规范数据录入的有效性。

选中 C5:C30 单元格区域，单击"数据"→"数据工具"→"数据验证"下拉按钮，在下拉列表中选择"数据验证"命令，弹出"数据验证"对话框。先在设置选项卡中填写验证条件：在"允许"下拉列表中选择"文本长度"选项，在"数据"下拉列表中选择"等于"选项，在"长度"文本框中输入数字"10"，如图 2.1.16 所示。再选择"输入信息"选项卡，在"输入信息"文本框中输入"请输入 10 位学号"。最后选择"出错警告"选项卡，在"错误信息"文本框中输入"输入的学号需为 10 位"，单击"确定"按钮。

（2）成绩的有效性设置。学生成绩表中的平时、期末、总评成绩是 0～100 的整数，可以规定成绩单元格区域输入数据的范围。

选中 E5:G30 区域，再单击"数据"→"数据工具"→"数据验证"下拉按钮，在下拉列表中选择"数据验证"选项。在打开的"数据验证"对话框中的"设置"选项卡中，选择"验证条件"选项组"允许"下拉列表中的"整数"，"数据"下拉列表中的"介于"，再输入"最小值"为"0"，"最大值"为"100"，如图 2.1.17 所示，再选择"输入信息"选项卡，在"输入信息"文本框中输入"请输入 0-100 之间的整数"。最后选择"出错警告"选项卡，在"错误信息"文本框中输入"输入的成绩应在 0-100 范围内"，单击"确定"按钮后，即可成功将成绩区域设置数据验证为介于 0～100 的整数。

图 2.1.16 数据验证

图 2.1.17 数据验证范围

当用户输入小于 0 或大于 100 的整数或小数等不满足有效性条件的数据时，系统会自动打开警告信息框，提醒用户输入值非法，如图 2.1.18 所示。

图 2.1.18 警告信息

2.1.4 单元格格式设置

1. 设置数据字体

将鼠标光标移动至标题处，选中合并后的 A1 单元格，单击"开始"→"字体"选项组右下角的对话框启动器按钮，在弹出的"设置单元格格式"对话框"字体"选项卡中设置"字体"为"宋体"、"字形"为"加粗"、"字号"为"18"、"颜色"为"标准色：蓝色"，单击"确定"按钮，如图 2.1.19 所示。

图 2.1.19 字体设置

2. 修改数字格式

单元格可以表示多种数字格式，如不同小数位数、货币符号、时间日期、百分号、文本等。屏幕单元格中显示的是格式化后的数据，而编辑栏中表现的是系统实际存储的数据。

在输入学号"2001301001"时，在 C5 单元格中应输入"'2001301001"，即先输入单引号"'", 再输入"2001301001"。注意: 此处单引号"'"应为英文半角符号, 不能为中文符号, 其作用是标识此处输入的数字是文本格式。

通常将不具有数值意义、不能参与数学运算的数字, 改为文本格式, 如序号、学号、身份证号等, 除了在数字前先输入单引号的方法外, 还可以在"设置单元格格式"对话框"数字"选项卡的分类中选择"文本", 其作用也是标识单元格输入了文本格式的数字。

3. 设置数据对齐方式

选中 A4:H30 单元格区域, 单击"开始"→"对齐方式"→"居中"和"垂直居中"按钮, 将数据内容调整至单元格中间位置显示, 如图 2.1.20 所示。

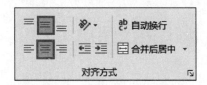

图 2.1.20 "居中"和"垂直居中"

也可以在"设置单元格格式"对话框中进行设置: 选中 A4:H30 单元格区域后, 单击"开始"→"对齐方式"选项组的右下角对话框启动器按钮, 弹出"设置单元格格式"对话框。单击"对齐"选项卡, 在"水平对齐"和"垂直对齐"下拉列表中均选择"居中"选项, 单击"确定"按钮, 如图 2.1.21 所示。

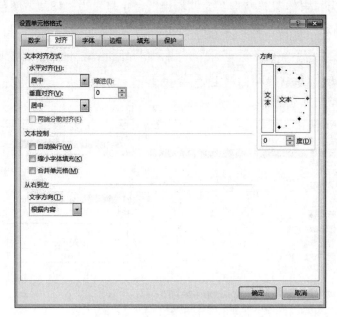

图 2.1.21 设置数据对齐方式

在"对齐"选项卡中, 还可以进行合并单元格、调整文字方向、自动换行等操作。

4. 给数据添加边框

选中 A4:H30 单元格区域, 单击"开始"→"字体"选项组右下角的对话框启动器按钮, 在弹出的"设置单元格格式"对话框中, 选择"边框"选项卡。在"样式"列表框中选择单实线, 在"颜色"下拉列表中选择"黑色"选项, 设置"预置"为"外边框"和"内部", 单击"确定"按钮, 如图 2.1.22 所示。

图 2.1.22　设置边框

5. 设置单元格填充样式

1）快速设置

选中列标题 A4 至 H4 单元格区域，单击"开始"→"字体"→"填充颜色"下拉按钮，在弹出的主要颜色下拉列表中选择"蓝色，个性色 5，淡色 80%"，如图 2.1.23 所示。

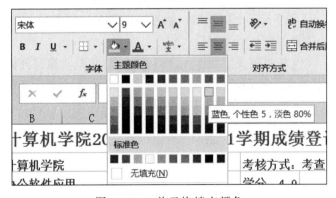

图 2.1.23　单元格填充颜色

2）详细设置

选中 A5:H30 单元格区域，单击"开始"→"字体"选项组右下角的对话框启动器按钮，在弹出的"设置单元格格式"对话框中，选择"填充"选项卡，在"背景色"中选择"绿色，个性色 6，淡色 80%"，单击"确定"按钮。在"填充"选项卡除了设置"背景色"之外，还可以设置"图案颜色"和"图案样式"，如图 2.1.24 所示。

6. 保护

"设置单元格格式"对话框的"保护"选项卡，可以选择设置"锁定"和"隐藏"，只有在保护工作表后，锁定单元格或隐藏公式才有效。

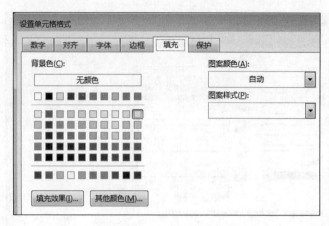

图 2.1.24 "填充"选项卡

2.1.5 格式刷使用

现在 A2 单元格中数据内容已经设置好了格式（宋体、加粗、12 号字、标准色蓝色），想在 A3、F2 和 F3 这三个单元格里面设置同样的格式，就可以使用格式刷快速完成格式的复制。

快速复制格式的方法：

选中 A2 单元格为当前活动单元格，然后依次选择"开始"→"剪贴板"→"格式刷"按钮，如图 2.1.25 所示。单击格式刷，再单击 A3 单元格，即可完成一次格式复制。

图 2.1.25 格式刷

现需要设置 A3、F2 和 F3 三个单元格的格式复制操作，故选中 A2 单元格为当前活动单元格后，单击两下格式刷，再依次单击 A3、F2 和 F3 三个单元格，就可以实现多次复制单元格的格式。退出格式复制时按 Esc 键。

如果需要清除单元格格式，可以依次选取"开始"→"编辑"→"清除"按钮，在弹出的下拉菜单中选择"清除格式"命令，即可将单元格的数据以默认的格式显示。

2.1.6 工作簿文件的保存和退出

1. 保存

单击"文件"→"保存"→"浏览"按钮，如图 2.1.26 所示，选择需要保存的路径，填写文件名"学生成绩表"，单击"保存"按钮，或使用 Ctrl+S 组合键，或单击左上角快捷菜单中的"保存"按钮，都可以保存文件。若希望让使用早期 Excel 版本的用户直接打开该工作簿，需将另存为对话框中的保存类型改为"Excel 97-2003 工作簿"，再单击"保存"按钮，即可将工作簿另存为早期版本的 Excel 工作簿（*.xls），如图 2.1.27 所示。在工作簿编辑过程中，应该经常保存，避免因突然断电、电脑死机等意外情况造成所编辑的内容丢失。

2. 退出

确定表格文件保存后，可以直接单击文档右上角的"关闭"按钮退出文档。

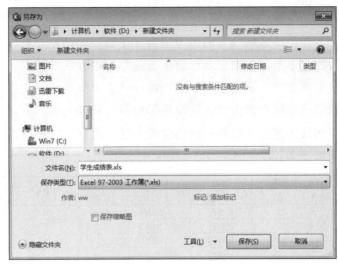

<table>
<tr><td>图 2.1.26　保存工作簿</td><td>图 2.1.27　Excel 97-2003 工作簿</td></tr>
</table>

知识拓展

1. 工作表的冻结、显示及隐藏操作

1) 隐藏或显示工作表

如果某些工作表内容比较重要不希望别人因误操作而修改工作表的数据内容，可以使用 Excel 的隐藏工作表功能将工作表隐藏起来。当一个工作表被隐藏时，所对应的工作表标签也同时隐藏起来。

隐藏工作表的快捷方法为：右击工作表标签，在弹出的快捷菜单中选择"隐藏"命令。

也可以单击工作表标签，依次选择"开始"→"单元格"→"格式"按钮，在弹出的下拉菜单中选择"隐藏和取消隐藏"→"隐藏工作表"命令。在"隐藏和取消隐藏"中还可以单独设置隐藏某一行或者某一列数据。

如果要取消对工作表的隐藏，右击工作表标签，从弹出的快捷菜单中选择"取消隐藏"命令，打开"取消隐藏"对话框，如图 2.1.28 所示。在列表框中选择需要再次显示的工作表，然后单击"确定"按钮即可。

图 2.1.28　取消隐藏工作表

2）冻结工作表

在电子表格较大的情况下为方便数据的浏览，可以冻结工作表的部分标题，使其位置固定不变，滚动显示标题下方的数据内容。

单击学生成绩表中第5行的行号选中第5行，然后切换到"视图"选项卡，在"窗口"选项组中单击"冻结窗格"按钮，从弹出的下拉菜单中选择"冻结窗格"命令，即可实现固定第4行列标题的位置不变，用鼠标滚动滑轮可以更清楚地查看下方数据，效果如图2.1.29所示。

4	序号	班级	学号	姓名	平时成绩50%	期末成绩50%	总评成绩	备注
26	22	软件班	2001301022	李善瑶	77	73	75	
27	23	软件班	2001301023	张晴	87	64	76	
28	24	软件班	2001301024	韩向军	84	60	72	
29	25	软件班	2001301025	王凯	82	71	77	
30	26	软件班	2001301026	李元飞	86	67	77	

图 2.1.29 冻结窗格

如果要取消冻结，可以依次选取"视图"→"窗口"→"冻结窗格"按钮，在弹出的下拉菜单中选择"取消冻结窗格"命令，即可恢复学生成绩表的原有显示效果。

2. 从外部导入数据

Excel 支持从外部导入数据，极大地方便了用户数据输入。导入方法如下：单击功能区中"数据"选项卡，在"获取外部数据"分组中可以选择不同的文件向工作表中导入数据，如图2.1.30所示。

图 2.1.30 获取外部数据

3. 窗口操作

Excel 中允许使用多种窗口排列方式查看工作表中的数据。可以在"视图"选项卡的"窗口"分组中选择"新建窗口"查看数据，或使用平铺、水平并排、垂直并排、层叠等多种方式来重排窗口，一次性查看所有窗口。用户还可以隐藏窗口，使整个工作簿的内容不可见，在需要的时候取消隐藏。当工作表内容较多的时候，可以使用拆分窗口，将工作表拆分成多个窗格，即可同时查看工作表的不同区域。

4. 表格格式

表格格式也可以使用条件格式实现。

在"开始"选项卡的"样式"组中，在"条件格式"的下拉菜单中可以选择多种形式的条件格式。

（1）突出显示单元格规则：指定条件和格式，就可以让选中单元格的数据在满足指定条件时，以指定的格式突出显示。单元格内容可以是数值类型、文本类型和日期类型。

（2）最前/最后规则：指定对单元格按值的大小排名的首尾筛选条件以及格式，就可以让选中单元格的数据在满足筛选条件时，以指定的格式突出显示。单元格内容可以是数值类型和日期类型。

（3）数据条、色阶和图标集：基于选中单元格的现有值，按照彼此值的大小对比，设置长短不同的彩色数据条、不同颜色的色阶或者不同形式的图标来显示所有单元格。单元格内容可以是数值类型和日期类型。

任务 2.2　工资表制作

任务描述

在每月工资发放之前，财务人员都需要制作工资表，利用公式和函数来计算统计基本工资、绩效工资、应发工资、实发工资等信息，在完成对企业员工本月工资的核算后，企业才能发放工资。财务人员小张使用 Excel 完成员工工资表制作，最终效果如图 2.2.1 所示。

	A	B	C	D	E	F	G	H	I	J	K	L
1	员工工资表											
2	员工号	姓名	职称	基本工资	加班小时	迟到次数	请假天数	绩效工资	绩效等级	应扣款	应发工资	实发工资
3	001	黄慧	工程师	5000	35		1	¥1,050.00	A	100	¥6,050.00	¥5,950.00
4	002	袁旭斌	工程师	5000	23	1	1	¥690.00	C	150	¥5,690.00	¥5,540.00
5	003	邓品卉	工程师	5000	25	1	2	¥750.00	C	250	¥5,750.00	¥5,500.00
6	004	叶俊	其他	4000	42			¥1,260.00	A	0	¥5,260.00	¥5,260.00
7	005	王昊	其他	4000	30	1	2	¥900.00	B	250	¥4,900.00	¥4,650.00
8	006	黄泽佳	其他	4000	27			¥810.00	B	0	¥4,810.00	¥4,810.00
9	007	王琳	工程师	5000	40	1	1	¥1,200.00	A	150	¥6,200.00	¥6,050.00
10	008	林育	工程师	5000	30	4	2	¥900.00	B	400	¥5,900.00	¥5,500.00
11	009	张炜发	工程师	5000	30	1		¥900.00	B	50	¥5,900.00	¥5,850.00
12	010	萧嘉	工程师	5000	40			¥1,200.00	A	0	¥6,200.00	¥6,200.00
13	011	林崇嘉	工程师	5000	30		2	¥900.00	B	200	¥5,900.00	¥5,700.00
14	012	郑振灿	其他	4000	30	1		¥900.00	B	50	¥4,900.00	¥4,850.00
15	013	杜金秋	工程师	5000	22	1		¥660.00	C	50	¥5,660.00	¥5,610.00
16	014	杨德生	工程师	5000	23	1		¥690.00	C	50	¥5,690.00	¥5,640.00
17	015	黄国慧	工程师	5000	24	1		¥720.00	C	50	¥5,720.00	¥5,670.00
18	016	黄宇业	工程师	5000	25	1	2	¥750.00	C	250	¥5,750.00	¥5,500.00
19	017	洪楠	工程师	5000	18		2	¥540.00	C	200	¥5,540.00	¥5,340.00
20	018	陈志鹏	工程师	5000	35			¥1,050.00	A	0	¥6,050.00	¥6,050.00
21	019	杜嘉颖	工程师	5000	28	1		¥840.00	B	50	¥5,840.00	¥5,790.00
22	020	谢俊辉	工程师	5000	10	1		¥300.00	C	50	¥5,300.00	¥5,250.00
23	021	杨定康	工程师	5000	30	1		¥900.00	B	50	¥5,900.00	¥5,850.00
24	022	江梓	工程师	5000	31			¥930.00	B	0	¥5,930.00	¥5,930.00
25	平均绩效工资			¥856.36		公司总人数		22				
26	最高绩效工资			¥1,260.00		总工资总额		¥122,490.00				
27	最低绩效工资			¥300.00								

图 2.2.1　员工工资表

任务分析

任务技能目标

通过本次任务，掌握以下技能：

（1）理解单元格不同的引用方式；

（2）能够正确使用公式；

（3）能够正确使用常见函数。

▶ **核心知识点**

单元格引用，运算符、公式的使用，常见函数的使用

🔲 **任务实现** ———————————————————————

2.2.1 新建工资表

新建工作簿文件"员工工资表"，将工作表命名为"员工工资信息表"，在工作表中输入如图 2.2.2 所示工资表标题、列标题、员工号、姓名和职称等基本信息。数据输入和格式设置的方式在任务 2.1 中已经详细讲解，这里不再进行说明。

	A	B	C	D	E	F	G	H	I	J	K	L
1						**员工工资表**						
2	员工号	姓名	职称	基本工资	加班小时	迟到次数	请假天数	绩效工资	绩效等级	应扣款	应发工资	实发工资
3	001	黄慧	工程师									
4	002	袁旭斌	工程师									
5	003	邓品卉	工程师									
6	004	叶俊	其他									
7	005	王昊	其他									
8	006	黄泽佳	其他									
9	007	王琳	工程师									
10	008	林育	工程师									
11	009	张炜发	工程师									
12	010	萧嘉	工程师									
13	011	林崇嘉	工程师									
14	012	郑振灿	其他									
15	013	杜金秋	工程师									
16	014	杨德生	工程师									
17	015	黄国慧	工程师									
18	016	黄宇业	工程师									
19	017	洪楠	工程师									
20	018	陈志鹏	工程师									
21	019	杜嘉颖	工程师									
22	020	谢俊辉	工程师									
23	021	杨定康	工程师									
24	022	江梓	工程师									
25	平均绩效工资					公司总人数						
26	最高绩效工资					总工资总额						
27	最低绩效工资											

图 2.2.2 新建员工工资表

2.2.2 使用公式计算工资

在 Excel 中，利用公式可以方便、快捷、自动地进行数据处理。Excel 的公式以"="开头，后面是用于计算的表达式，即利用各种运算符，将常量、单元格引用和 Excel 函数等连接在一起，实现自动运算功能。

创建公式可以直接在单元格中输入，也可以在编辑栏中输入，效果相同。公式中的英文字母不区分大小写，运算符号必须是半角符号，公式中引用的单元格可以用键盘输入单元格名称或者直接用鼠标选取。公式输入后，可以单击编辑栏中的"输入"按钮或者按 Enter 键确认完成公式输入，这时将在单元格中显示计算结果，在编辑栏中显示公式内容，以方便编辑和修改。

1. 公式中的运算符

在 Excel 公式中可以使用的运算符包括算术、比较、文本连接和引用 4 种类型，如表 2.2.1 所示。

表 2.2.1　运算符

运算符类型	主要运算符
算术运算符	+（加法）、-（减法）、*（乘法）、/（除法）、^（乘方）、%（百分比）
比较运算符	=、>、<、>=、<=、<>（不等于）
文本连接运算符	&（连接文本）
引用运算符	:（区域运算符）、,（联合运算符）、!（工作表引用）

（1）算术运算符，用于对数值数据进行四则运算。

（2）比较运算符，用于对两个数值或文本进行比较运算，其运算结果是一个逻辑值，如果运算结果成立，逻辑值为 TRUE，结果不成立则为 FALSE。

（3）文本连接运算符，用于将两个文本首尾相接，形成一个连续的文本值。

（4）引用操作符，用于将若干个单元格区域合并计算。区域运算符作用于连续的单元格区域，对指定区域之间，包括两个引用单元格在内的所有单元格进行引用，如 A2:B4 单元格区域是引用 A2、A3、A4、B2、B3、B4 共 6 个单元格。联合运算符则可以作用于不连续的单元格区域，可以将多个引用合并为一个引用，如 B1:B3,C3,D4 是引用 B1、B2、B3、C3、D4 共 5 个单元格。

2. 单元格引用

单元格的引用是指在公式中通过对单元格地址的引用来访问单元格中存放的数据。单元格的引用有 3 类，分别是绝对引用、相对引用和混合引用，这 3 类引用都有各自不同的含义。除了引用同一张工作表的单元格外，公式还可以引用其他工作表中的数据。

（1）相对引用。相对引用是指用列号和行号直接表示的地址引用，在复制移动公式或自动填充时，会随着公式位置的变化而自动调整引用单元格的行号、列标。例如，在 C1 单元格中应用公式"=A1+B1"，当拖动 C1 单元格的控制句柄向下填充到 C2 单元格时，公式变为"=A2+B2"。

（2）绝对引用。绝对引用是指不随单元格变动而变动的地址引用，在复制移动公式或自动填充时，绝对地址需要使用绝对地址符号"$"，即在列号和行号前都要加上符号"$"，公式中所引用单元格的行号和列标均保持不变。例如，在 C1 单元格中使用公式"=$A$1+$B$1"，当拖动 C1 单元格的控制句柄向下填充到 C2 单元格时，公式仍为"=$A$1+$B$1"。

（3）混合引用。混合引用是将相对引用和绝对引用结合起来，在复制移动公式或自动填充时，在行号或列标中只加一个"$"符号，即"$列标行号"或"列标$行号"的形式，这时所引用单元格的行号或列标只有一个进行自动调整，而另一个保持不变。如 $A1、B$1。

（4）引用工作表外的单元格。上述 3 类引用方式都是在同一个工作表中完成的，如果要引用其他工作表的单元格，则应在引用地址之前说明单元格所在的工作表名称，形式为"工作表! 单元格地址"。

例如，在"员工工资信息表"的"加班小时"列中需要引用"考勤数据表"中的"加班小时"数据，选中"员工工资信息表"E3 单元格，输入"="符号，然后用鼠标单击工作表标签中的"考勤数据表"名称，工作表切换到"考勤数据表"后单击 B2 单元格，这时编辑栏中显示"=考勤数据表! B2"，如图 2.2.3 所示，按 Enter 键结束输入。最后拖动 E3 单元格的控制句柄向下填充到 E24 单元格，即可完成加班小时数据引用工作表外数据的操作。

在本任务中，"迟到次数"和"请假天数"的数据是直接从"考勤数据表"中复制的，也可以使用跟"加班小时"同样的方式引用工作表外数据。

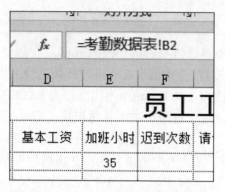

图 2.2.3　引用"考勤数据表"数据

3. 用公式计算工资金额

1) 绩效工资计算

绩效工资的计算公式为：绩效工资=加班小时*30。

选中 H3 单元格，在编辑栏中输入"=E3*30"，按 Enter 键结束输入，如图 2.2.4 所示。同样，选中 H4 单元格，输入"=E4*30"，按 Enter 键结束输入。直到完成所有员工绩效工资的计算。但是这样操作效率低下，可以采用 Excel 自动填充功能完成后续计算。选中 H3 单元格，拖动单元格右下方的填充柄至 H24 单元格，即可完成所有员工绩效工资的计算。

图 2.2.4　绩效工资公式

2) 应扣款计算

公司规定迟到一次扣款 50 元，请假一天扣款 100 元，所以应扣款计算公式为：应扣款=迟到次数*50+请假天数*100。

选中 J3 单元格，在编辑栏中输入"=F3*50+G3*100"，按 Enter 键结束输入，如图 2.2.5 所示。选中 J3 单元格，拖动单元格右下方的填充柄至 J24 单元格，即可完成所有员工应扣款的计算。

图 2.2.5　应扣款公式

3）应发工资计算

利用 Excel 的公式处理，可以突破数据常量的局限，当数据源发生变化时，实现由公式和函数计算的结果自动更新，使用户对工作表中数据的分析和处理变得更加方便。

虽然员工工资表中的"基本工资"还没有计算出具体结果，但是并不会影响"应发工资"计算公式填写。

应发工资的计算公式为：应发工资=基本工资+绩效工资。

选中 K3 单元格，在编辑栏中输入"=D3+H3"，按 Enter 键结束输入，如图 2.2.6 所示。选中 K3 单元格，拖动单元格右下方的填充柄至 K24 单元格，即可完成所有员工应发工资的计算。

图 2.2.6　应发工资公式

4）实发工资计算

同样，实发工资计算公式填写，不会受到应发工资暂时没有具体计算结果的影响。

实发工资的计算公式为：实发工资=应发工资-应扣款。

选中 L3 单元格，在编辑栏中输入"=K3-J3"，按 Enter 键结束输入，如图 2.2.7 所示。选中 L3 单元格，拖动单元格右下方的填充柄至 L24 单元格，即可完成所有员工实发工资的计算。

图 2.2.7　实发工资公式

2.2.3　使用常见函数

函数是按照特定语法结构进行计算的一种表达式。Excel 提供了数学、财务、统计等丰富的函数，用于完成复杂、烦琐的计算或处理工作。与公式一样，使用函数可以方便地对工作表中的数据进行分析和处理，当数据源发生变化时，由函数计算的结果也将会自动更新。

函数一般使用格式是"函数名([参数 1],[参数 2],…)"。其中，函数名是系统预先设置的名称，参数可以是数字、文本、逻辑值、单元格引用等。函数可以嵌套，某一函数或公式还可以作为另一个函数的参数使用。如果函数包含有多个参数时，各个参数之间用逗号隔开；如果函数没有参数时，圆括号不能省略。

下面的例子中会详细说明几种常用函数的使用方法。

1. 使用 IF 函数计算基本工资

基本工资的金额是以员工的职称为依据设定的，职称不同，基本工资数额也有差异。设定要求是"工程师"职称基本工资 5000 元，"其他"职称基本工资 4000 元，这就需要使用逻辑函数 IF 函数根据员工职称判断基本工资。

函数名称：IF

> **小贴士**
>
> 函数使用可以采取手动输入和向导插入两种方式。初学一般采用向导插入函数；掌握函数格式后，可以在编辑栏手动输入函数。

格式：IF(Logical_test,Value_if_true,Value_if_false)

功能：判断是否满足某个条件，如果满足返回一个值，如果不满足则返回另一个值。Logical_test 是逻辑判断表达式；Value_if_true 表示当逻辑判断表达式为真时所显示的内容，如果不填返回 TRUE；Value_if_false 表示当逻辑判断表达式为假时所显示的内容，如果不填返回 FALSE。

选中 D3 单元格，单击编辑栏左侧的插入函数，或者依次选取"公式"→"函数库"→"插入函数"按钮，弹出"插入函数"对话框，在"选择函数"列表框中选择"IF"函数，如图 2.2.8 所示。

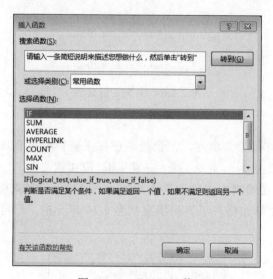

图 2.2.8 "IF"函数

单击"确定"按钮，弹出"函数参数"对话框，在参数"Logical_test"中输入"C3="工程师""，参数"Value_if_true"中输入"5000"，参数"Value_if_false"中输入"4000"，如图 2.2.9 所示。单击"确定"按钮，就会在 D3 单元格中显示该员工的基本工资，在编辑栏中显示完整函数和参数内容。

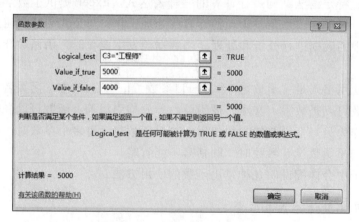

图 2.2.9 "函数参数"对话框

利用自动填充功能，将此函数复制到此列的其他单元格中，选中 D3 单元格，拖动单元格右下方的填充柄至 D24 单元格，系统自动在其他单元格填充所有员工的基本工资。

2. 使用平均值函数计算平均绩效工资

在"员工工资信息表"中可以使用统计函数"AVERAGE"计算所有员工的平均绩效工资。

函数名称：AVERAGE

格式：AVERAGE(number1,number2,…)

功能：返回所有参数的算术平均值；参数可以是数值或包含数值的名称、数组或引用单元格（区域）。

选中 D25 单元格，单击编辑栏左侧的插入函数，或者依次选取"公式"→"函数库"→"插入函数"按钮，弹出"插入函数"对话框，在"选择函数"列表框中选择"AVERAGE"函数，如图 2.2.10 所示。

图 2.2.10　"AVERAGE"函数

单击"确定"按钮，弹出"函数参数"对话框，如图 2.2.11 所示。在"Number1"中输入"H3:H24"，单击"确定"按钮，就会在 D25 单元格中显示员工的平均绩效工资。

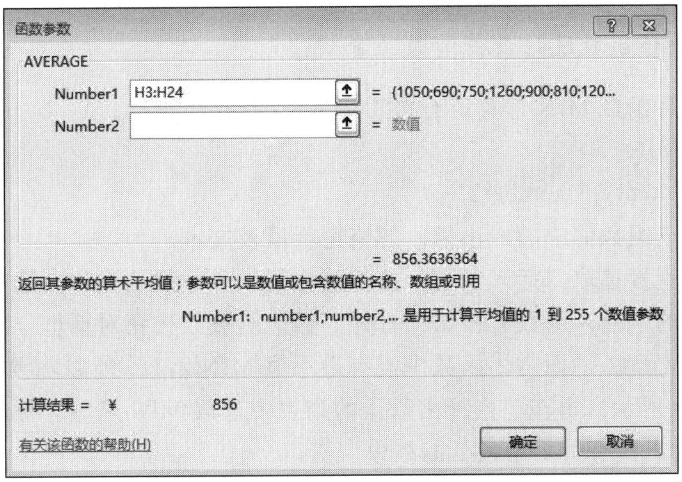

图 2.2.11　"函数参数"对话框

也可以用鼠标实现参数区域选取，单击"Number1"右侧按钮后，对话框自动缩小，用鼠标直接选取 H3:H24 单元格区域，则函数参数对话框中"Number1"显示"H3:H24"，如图 2.2.12 所示，单击右侧返回按钮恢复对话框，最后单击"确定"按钮，同样会在 D25 单元格中计算出员工的平均绩效工资。

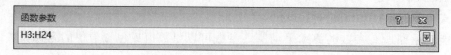

图 2.2.12　选取函数参数

3. 使用最大值函数统计最高绩效工资

接着使用统计函数 MAX 计算所有员工中最高的绩效工资。

函数名称：MAX

格式：MAX(number1,number2,…)

功能：返回一组数值中的最大值，忽略逻辑值及文本。

选中 D26 单元格，对于常用函数，可以使用快捷打开的操作方式：依次选取功能区"公式"标签→"函数库"选项组→"自动求和"下拉按钮，如图 2.2.13 所示，在其下拉列表中选择"最大值"命令，然后选择参数区域 H3:H24 即可统计出所有员工中最高的绩效工资。

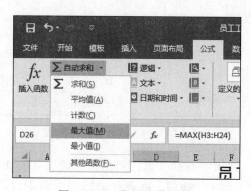

图 2.2.13　常用函数列表

4. 使用最小值函数统计最低绩效工资

同理使用统计函数 MIN 计算所有员工中最低的绩效工资。

函数名称：MIN

格式：MIN(number1,number2,…)

功能：返回一组数值中的最小值，忽略逻辑值及文本。

在编辑栏中直接选取"插入函数"按钮，也是一种方便的操作。选中 D27 单元格，单击编辑栏左侧的"插入函数"按钮，打开"插入函数"按钮对话框，对话框中默认的选择类别是"常用函数"，而常用函数中没有最小值 MIN 函数，所以需要切换到类别"统计"，如图 2.2.14 所示。再在"选择函数"的列表中选取 MIN 函数，然后选择参数区域 H3:H24 即可统计出所有员工中最低的绩效工资。

图 2.2.14　选择类别"统计"

5. 使用计数函数统计公司总人数

使用计数函数 COUNT 统计公司总人数。

函数名称：COUNT

格式：COUNT(value1,value2,…)

功能：计算区域中包含数字的单元格的个数。COUNT 函数要求参数单元格为数字，如果要统计文本参数或包含文本的单元格数目，可以使用 COUNTA 函数。

选中 H25 单元格，单击编辑栏左侧的"插入函数"按钮，打开"插入函数"对话框，对话框中的选择类别切换到"常用函数"，在"选择函数"列表框中选择"COUNT"函数，如图 2.2.15 所示，单击"确定"按钮，然后在参数 Value1 中选择单元格区域 H3:H24即可统计出公司总人数。

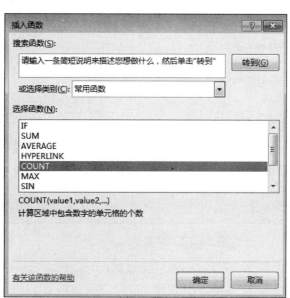

图 2.2.15　"COUNT"函数

6. 使用求和函数计算总工资总额

使用数学与三角函数 SUM 计算所有员工的总工资总额。

函数名称：SUM

格式：SUM(number1,number2,…)

功能：计算单元格区域中所有数值的和。

选中 H26 单元，单击编辑栏左侧的"插入函数"按钮，打开"插入函数"对话框，对话框中的选择类别切换到"常用函数"，在"选择函数"列表框中选择"SUM"函数，如图 2.2.16 所示。在弹出的"函数参数"对话框"Number1"文本框中输入"L3:L24"，如图 2.2.17 所示，单击"确定"按钮，即可计算出所有员工的总工资总额。

图 2.2.16 "SUM"函数

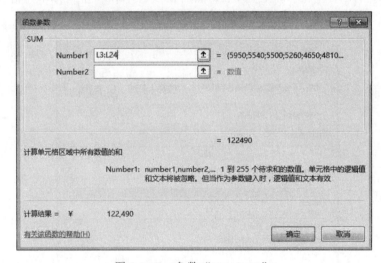

图 2.2.17 参数"Number1"

2.2.4 函数的嵌套应用

"员工工资表"中的"绩效等级"评定标准是：个人绩效工资达到或者超过平均绩效

工资+100 元的员工，绩效等级为 A；个人绩效工资未达到平均绩效工资+100 元的水平，但超过平均绩效工资-100 元的员工，绩效等级为 B；个人绩效工资未超过平均绩效工资 -100 元的员工，绩效等级为 C。

按照绩效等级评定标准，要使用 IF 函数设置等级，但是一个 IF 函数只有 Value_if_true 和 Value_if_false 两个参数，可以表示两个等级，所以需要用函数的嵌套实现等级划分要求，即将两个 IF 函数嵌套在一起使用。

IF 函数嵌套可以利用插入函数向导操作。选中 I3 单元格，单击编辑栏左侧的"插入函数"按钮，弹出"插入函数"对话框，在"选择函数"列表框中选择"IF"函数，单击"确定"按钮，弹出"函数参数"对话框，在参数"Logical_test"中输入"H3>=$D$25+100"。注意：平均绩效工资金额存储在 D25 单元格，引用 D25 单元格时应使用绝对引用，即"$D$25"形式，这样可以避免因函数复制造成所引用的单元格自动调整行号列标而引起错误。

参数"Value_if_true"中输入""A""，参数"Value_if_false"中输入一个完整 IF 函数"IF(H3>$D$25-100,"B","C")"，如图 2.2.18 所示。单击"确定"按钮，就会在 I3 单元格中显示该员工的绩效等级，在编辑栏中显示完整函数和参数内容。

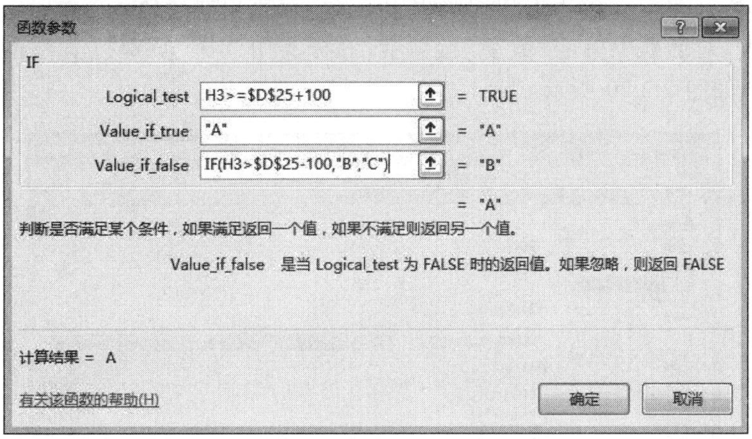

图 2.2.18　IF 函数参数

IF 函数嵌套也可以利用公式直接输入实现。在工作表"员工工资信息表"的"绩效等级"列中，用鼠标选中 I3 单元格，输入公式"=IF(H3>=$D$25+100,"A",IF(H3>$D$25-100,"B","C"))"后按 Enter 键确认输入，即可评定出第一位员工的绩效等级。

再利用自动填充功能，将此函数复制到此列的其他单元格中，选中 I3 单元格，拖动单元格右下方的填充柄至 I24 单元格，系统自动在其他单元格填充所有员工的绩效等级。

2.2.5　数据基本格式设置

1. 输入员工号

由于员工编号形式为"001"，如果直接在单元格中输入 001，Excel 会自动为数值 001 忽略高位的数字 0，在单元格中显示 1，所以应在 A3 单元格中先输入一个英文单引号"'"再输入 001，就可以按照正确的形式显示员工号，如图 2.2.19 所示。A3 单元格中的"'001"表示以文本形式存储的数字。

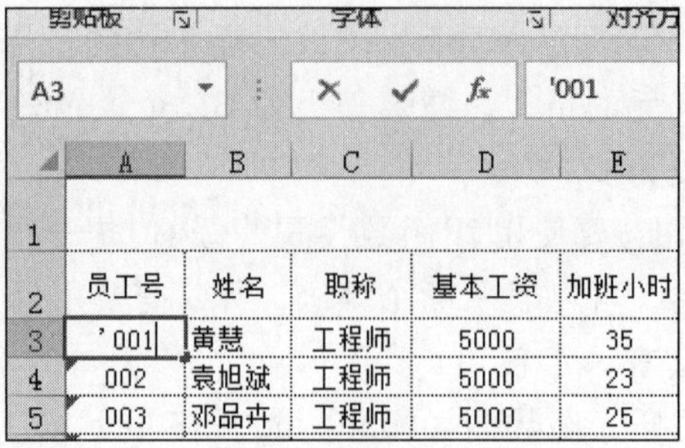

图 2.2.19　以文本形式存储的员工号数字

2. 数据区域对齐方式

选中单元格区域 D3:L24，依次选取功能区"开始"标签→"对齐方式"选项组→"居中"和"垂直居中"按钮，将员工工资表中的数据居中显示。

3. 设置工资单元格货币格式

按下 Ctrl 键，用鼠标选中表示工资金额的单元格区域 H3:H24、K3:K24、L3:L24、D25:D27、H26。右击，在弹出的快捷菜单中选择"设置单元格格式"选项，在弹出的"设置单元格格式"对话框中单击"数字"选项卡，在分类中选择"货币"，货币符号选择"￥中文（中国）"，如图 2.2.20 所示。

图 2.2.20　货币格式

知识拓展

1. 常见函数说明

表 2.2.2 中列出了 Excel 中常用的函数名称、函数格式及功能说明。

表 2.2.2　常用函数

函数名称	函数格式	功能说明
COUNTA	COUNTA(value1,value2,…)	计算单元格区域中非空单元格的个数
COUNTIF	COUNTIF(range,criteria)	计算某个区域中满足给定条件的单元格的数量
SUMIF	SUMIF(range,criteria,sum_range)	对指定单元格区域内满足条件的单元格求和
AND	AND(logical1,logical2,…)	检查是否所有参数均为 TRUE，如果所有参数均为 TRUE，则返回 TRUE
OR	OR(logical1,logical2,…)	如果任一参数值为 TRUE，即返回 TRUE，只有当所有参数值均为 FALSE 时才返回 FALSE
NOT	NOT(logical)	对参数的逻辑值求反，参数为 TRUE 时返回 FALSE，参数为 FALSE 时返回 TRUE
TODAY	TODAY()	返回日期格式的当前日期
ROUND	ROUND(number,num_digits)	按指定位数对数值进行四舍五入
MOD	MOD(number,divisor)	返回两数相除的余数
INT	INT(number)	将数值向下取整为最接近的整数
MID	MID(text,start_num,num_chars)	从文本字符串中按指定位置返回指定长度的字符
REPLACE	REPLACE(old_text,start_num,num_chars,new_text)	将一个字符串中的部分字符用另一个字符串替换

2. 常见错误信息及含义说明

表 2.2.3 中列出了 Excel 中常用的错误信息及其含义说明。

表 2.2.3　错误信息及其含义说明

错误信息	含义说明
#DIV/0!	除数为零
#VALUE!	使用了不正确的参数或运算
######	运算结果或数值太长，单元格无法显示
#NAME	使用了不可识别的名字
#NUM!	数据类型不正确
#REF!	引用了无效单元格
#N/A	引用了无法使用的数值
#NULL!	无效

任务 2.3　商品销售表数据分析

🔲 任务描述

　　超市职员小王统计出了去年乳制品类四个季度的销售数据表，运用排序操作根据指定字段"销量汇总"升序或降序排列，查看商品销售总量；运用筛选操作显示出满足指定条件的数据，隐藏其他数据，可以快捷地查看到指定数据；运用分类汇总操作先对数据进行分类后，再进行求最大值、最小值和平均值等其他操作，使数据能分类后再进行相关处理。分析销售数据，能更清楚地掌握商品当前销售情况，也可以依据数据分析结果决定后期商品进货量。

任务分析

▶ **任务技能目标**

通过本次任务，掌握以下技能：

（1）掌握数据排序；

（2）掌握自动筛选和高级筛选；

（3）掌握数据分类汇总；

（4）掌握数据透视表和数据透视图的创建。

▶ **核心知识点**

排序，筛选，分类汇总，数据透视表和数据透视图

任务实现

2.3.1 排序

排序是指将原有记录的顺序重新调整，按照指定的字段进行升序和降序两种方式排列的操作，可以通过排序来快速查找值。这个指定的字段称为主要关键字。在主要关键字数据相同的时候，可以再添加一个用于排序的指定字段，称为次要关键字。排序时，数值数据按数值大小排序，字符数据按首字母在字母表中的顺序排序，汉字数据按拼音首字母或者笔画多少排序。通常，如果关键字列数据中含有空白单元格，那么这行数据总是排在所有数据行的最后。

> **小贴士**
>
> 排序的数据应存放在工作表的一个连续区域中，每一列数据有列名称，同一列的所有数据具有相同的数据类型。

1）简单排序

简单排序是指对选定的数据区域按照指定的 1 行数据或者 1 列数据作为排序关键字进行排序的方法。其中，关键字是行数据则数据区域按行简单排序，关键字是列数据则数据区域按列简单排序。

图 2.3.1 "升序"按钮

将"超市乳制品类销售报表"工作表数据按产品名称升序排序，操作步骤如下：选中 A1:G35 单元格区域，依次单击"数据"→"排序和筛选"→"升序"按钮，如图 2.3.1 所示。

单击"升序"按钮，即可看到数据区域排序后的结果，如图 2.3.2 所示。

	产品名称	产品类别	第 1 季度	第 2 季度	第 3 季度	第 4 季度	销量汇总（件）
1							
2	O薄博	冰淇淋	760	865	630	307	2562
3	草莓果肉酸奶	酸奶	442	316	390	883	2031
4	草莓味乳饮料	乳饮料	603	872	284	528	2287
5	橙汁	冷藏饮品	488	353	848	239	1928
6	纯牛奶袋装	常温奶	473	854	745	863	2935
7	纯牛奶盒装	常温奶	745	882	766	866	3259
8	纯鲜牛奶	鲜奶	321	645	579	849	2394
9	果粒乳饮料	乳饮料	436	214	633	566	1849
10	盒装六合一	冰淇淋	808	799	876	720	3203
11	活性物质鲜牛奶	鲜奶	560	416	214	468	1658
12	芒果味	冰淇淋	512	842	464	460	2278
13	每日鲜奶	鲜奶	698	524	872	899	2993
14	迷你甜筒	冰淇淋	774	799	609	805	2987
15	抹茶味	冰淇淋	895	879	895	596	3265
16	牛奶提子味	冰淇淋	450	837	882	700	2869
17	牛奶小布丁	冰淇淋	256	754	854	659	2523

图 2.3.2 按产品名称升序排序

排序关键字默认为第一列数据"产品名称",如单击数据区域的任意单元格,则排序关键字默认为所选的活动单元格所在列。文字数据的排序方法默认为"字母排序",如果希望改成按第一个字的笔画数目排序,可以单击"数据"→"排序和筛选"→"排序"按钮,弹出"排序"对话框,如图 2.3.3 所示。

图 2.3.3　"排序"对话框

在"排序"对话框右上角单击"选项"按钮,打开"排序选项"对话框,更改排序方法为"笔划排序"即可,如图 2.3.4 所示。有的工作表数据需要按行简单排序,可以在"排序选项"对话框中更改排序方向为"按行排序",如图 2.3.5 所示。

 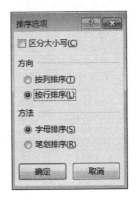

图 2.3.4　"排序选项"对话框　　　　图 2.3.5　按行排序

2)复杂排序

复杂排序是指对选定的数据区域,按照两个或两个以上的排序关键字进行排序的方法,应用在主要关键字数据相同的时候,需要再添加一个或多个次要关键字辅助排序。

将"超市乳制品类销售报表"工作表数据按产品类别升序排序,产品类别相同的数据按照产品名称升序排序。操作步骤如下:选中 A1:G35 单元格区域,单击"数据"→"排序和筛选"→"排序"按钮,打开"排序"对话框。在"主要关键字"下拉列表框中选择排序的首要条件"产品类别",并将"排序依据"下拉列表框设置为"单元格值",将"次序"下拉列表框设置为"升序"。单击"添加条件"按钮,在打开的对话框中添加次要条件,将"次要关键字"下拉列表框设置为"产品名称",并将"排序依据"下拉列表框设置为"单元格值",将"次序"下拉列表框设置为"升序",如图 2.3.6 所示。

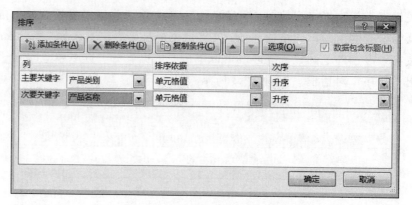

图 2.3.6　复杂排序关键字设置

单击"确定"按钮，即可看到数据区域排序后的结果，如图 2.3.7 所示。

产品名称	产品类别	第 1 季度	第 2 季度	第 3 季度	第 4 季度	销量汇总（件）
0蔗糖	冰淇淋	760	865	630	307	2562
盒装六合一	冰淇淋	808	799	876	720	3203
芒果味	冰淇淋	512	842	464	460	2278
迷你甜筒	冰淇淋	774	799	609	805	2987
抹茶味	冰淇淋	895	879	895	596	3265
牛奶提子味	冰淇淋	450	837	882	700	2869
牛奶小布丁	冰淇淋	256	754	854	659	2523
巧克力味	冰淇淋	588	788	725	508	2609
提拉米苏味	冰淇淋	743	792	901	546	2982
香草味	冰淇淋	633	844	750	473	2700
纯牛奶袋装	常温奶	473	854	745	863	2935
纯牛奶盒装	常温奶	745	882	766	866	3259
全脂纯牛奶	常温奶	902	928	879	916	3625
脱脂纯牛奶	常温奶	936	658	800	886	3280
学生牛奶	常温奶	264	901	710	816	2691
有机纯牛奶	常温奶	915	725	915	843	3398
橙汁	冷藏饮品	488	353	848	239	1928
苹果汁	冷藏饮品	279	545	754	485	2063
葡萄汁	冷藏饮品	726	237	430	571	1964

图 2.3.7　多关键字复杂排序

3）自定义排序

自定义排序是指对选定数据区域按用户定义的顺序进行排序。在"超市乳制品类销售报表"中按产品类别指定的序列"常温奶、鲜奶、酸奶、乳饮料、冷藏饮品、冰淇淋"对销售数据进行排序，就需要使用"自定义排序"功能。

操作步骤如下：单击数据区域的任意单元格，打开"排序"对话框，在"主要关键字"下拉列表框中选择"产品类别"，在"次序"下拉列表框中选择"自定义序列"选项，打开"自定义序列"对话框。在"自定义序列"选项卡的"输入序列"列表框中依次输入排序序列，每输入一行，按一次 Enter 键，如图 2.3.8 所示。

输完后，单击"添加"按钮，序列就被添加到"自定义序列"列表框中，单击"确定"按钮，返回"排序"对话框，如图 2.3.9 所示。

图 2.3.8 输入"自定义序列"

图 2.3.9 选择自定义序列

再单击"确定"按钮，数据区域按上述指定的序列完成排序，结果如图 2.3.10 所示。

产品名称	产品类别	第1季度	第2季度	第3季度	第4季度	销量汇总（件）
纯牛奶袋装	常温奶	473	854	745	863	2935
纯牛奶盒装	常温奶	745	882	766	866	3259
全脂纯牛奶	常温奶	902	928	879	916	3625
脱脂纯牛奶	常温奶	936	658	800	886	3280
学生牛奶	常温奶	264	901	710	816	2691
有机纯牛奶	常温奶	915	725	915	843	3398
纯鲜牛奶	鲜奶	321	645	579	849	2394
活性物质鲜牛奶	鲜奶	560	416	214	468	1658
每日鲜奶	鲜奶	698	524	872	899	2993
乳蛋白鲜牛奶	鲜奶	582	692	779	788	2841
优选牧场牛奶	鲜奶	777	677	872	876	3202
草莓果肉酸奶	酸奶	442	316	390	883	2031
双重蛋白酸奶	酸奶	622	555	766	516	2459
鲜乳酪酸奶	酸奶	337	513	675	483	2008
益生菌风味	酸奶	727	608	786	410	2531
原味酸奶	酸奶	626	502	479	832	2439

图 2.3.10 自定义序列排序

2.3.2 筛选

筛选是按照一定的条件从工作表中选出符合条件的记录并显示，隐藏不符合条件的记录，并不删除数据。

1. 自动筛选

1）自动筛选

自动筛选功能是按照单一条件进行数据筛选。在"超市乳制品类销售报表"中显示出所有销量汇总数值高于平均值的产品数据信息，可以运用自动筛选。

单击数据区域的任意单元格，依次单击"数据"→"排序和筛选"→"筛选"按钮，可以进入自动筛选状态，在工作表中每个列标题右侧都出现一个下拉按钮，如图 2.3.11 所示。

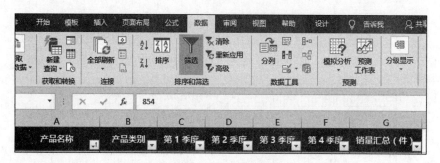

图 2.3.11 自动筛选状态

单击"销量汇总"右侧的下拉按钮，在弹出的下拉列表中选择"数字筛选"→"高于平均值"选项，如图 2.3.12 所示。

图 2.3.12 "数字筛选"下拉列表

此时在工作表中仅显示出销量汇总值高于平均值的数据，筛选结果如图 2.3.13 所示。

	A	B	C	D	E	F	G
1	产品名称	产品类别	第1季度	第2季度	第3季度	第4季度	销量汇总（件）
6	纯牛奶袋装	常温奶	473	854	745	863	2935
7	纯牛奶盒装	常温奶	745	882	766	866	3259
10	盒装六合一	冰淇淋	808	799	876	720	3203
13	每日鲜奶	鲜奶	698	524	872	899	2993
14	迷你甜筒	冰淇淋	774	799	609	805	2987
15	抹茶味	冰淇淋	895	879	895	596	3265
16	牛奶提子味	冰淇淋	450	837	882	700	2869
21	全脂纯牛奶	常温奶	902	928	879	916	3625
22	乳蛋白鲜牛奶	鲜奶	582	692	779	788	2841
25	提拉米苏味	冰淇淋	743	792	901	546	2982
26	脱脂纯牛奶	常温奶	936	658	800	886	3280
28	香草味	冰淇淋	633	844	750	473	2700
29	学生牛奶	常温奶	264	901	710	816	2691
31	优选牧场牛奶	鲜奶	777	677	872	876	3202
32	有机纯牛奶	常温奶	915	725	915	843	3398
35	原味酸酸乳	乳饮料	392	854	827	849	2922

图 2.3.13　自动筛选结果

2）清除筛选

要清除筛选，只要单击"筛选"按钮右侧的"清除"按钮，即可取消自动筛选，重新显示出所有数据。

2. 自定义筛选

自定义筛选功能是指按照一个列数据的多个条件进行数据筛选。在"超市乳制品类销售报表"中显示出第三季度销量在 400～800 的所有产品数据信息，可以运用自定义筛选。

单击数据区域的任意单元格，单击"筛选"按钮，列标题右侧出现下拉按钮时，单击"第 3 季度"右侧的下拉按钮，在弹出的下拉列表中选择"数字筛选"→"自定义筛选"选项，弹出"自定义自动筛选方式"对话框，如图 2.3.14 所示。

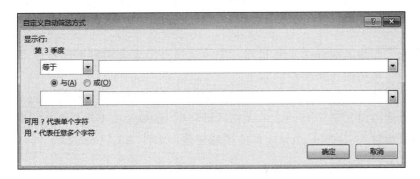

图 2.3.14　自定义自动筛选方式

在左上角下拉列表中选择"大于"选项，右上角列表框中输入数值"400"，单击选择单选按钮"与"，左下角下拉列表中选择"小于"选项，右下角列表框中输入数值"800"，如图 2.3.15 所示。

单击"确定"按钮，此时在工作表中仅显示出第三季度销量在 400～800 的所有产品数据，筛选结果如图 2.3.16 所示。

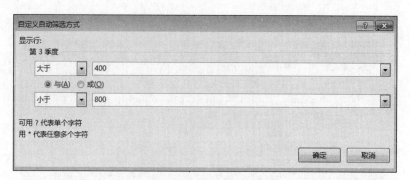

图 2.3.15 自定义筛选填写

	产品名称	产品类别	第1季度	第2季度	第3季度	第4季度	销量汇总（件）
2	0蔗糖	冰淇淋	760	865	630	307	2562
6	纯牛奶袋装	常温奶	473	854	745	863	2935
7	纯牛奶盒装	常温奶	745	882	766	866	3259
8	纯鲜牛奶	鲜奶	321	645	579	849	2394
9	果粒乳饮料	乳饮料	436	214	633	566	1849
12	芒果味	冰淇淋	512	842	464	460	2278
14	迷你甜筒	冰淇淋	774	799	609	805	2987
18	苹果汁	冷藏饮品	279	545	754	485	2063
19	葡萄汁	冷藏饮品	726	237	430	571	1964
20	巧克力味	冰淇淋	588	788	725	508	2609
22	乳蛋白鲜牛奶	鲜奶	582	692	779	788	2841
23	乳酸菌饮料	乳饮料	685	783	528	350	2346
24	双重蛋白酸奶	酸奶	622	555	766	516	2459
27	鲜乳酪酸奶	酸奶	337	513	675	483	2008
28	香草味	冰淇淋	633	844	750	473	2700
29	学生牛奶	常温奶	264	901	710	816	2691
30	益生菌风味	酸奶	727	608	786	410	2531
33	原味乳饮料	乳饮料	635	223	505	581	1944
34	原味酸奶	酸奶	626	502	479	832	2439

图 2.3.16 自定义筛选结果

小贴士

高级筛选用于解决当筛选条件复杂时自定义筛选使用不方便的问题，可以将多个筛选条件添加到一个连续单元格区域中，通过一次筛选操作就可以得到最终结果。

单击"筛选"按钮右侧的"清除"按钮，即可取消筛选状态，重新显示出所有数据。

3. 高级筛选

在工作表"超市乳制品类销售报表"中筛选出每个季度销售量都超过 500 的牛奶，可以使用高级筛选功能。操作步骤如下：

建立条件区域，列出筛选结果必须满足的条件，复制数据的列标题区域 B1:F1 区域，在工作表任意空白单元格如 H2:L2 单元格区域粘贴，在单元格 H3 中输入"*奶"，在 I3:L3 四个单元格中均输入">500"，完成条件区域创建，如图 2.3.17 所示。

产品类别	第1季度	第2季度	第3季度	第4季度
*奶	>500	>500	>500	>500

图 2.3.17 高级筛选条件区域

单击数据区域中的任意单元格，依次单击"数据"→"排序和筛选"→"高级"按钮，打开"高级筛选"对话框，如图 2.3.18 所示。

在"方式"栏选中"在原有区域显示筛选结果"单选按钮，如果选中"将筛选结果复制到其他位置"单选按钮，则需指定"复制到"区域。将"列表区域"框中自动设定的数据区域 SAS2:$L$35 修改为 SAS1:$G$35。然后单击"条件区域"框右侧的按钮,按住鼠标左键拖动选择建立好的条件区域 H2:L3 单元格区域,如图 2.3.19 所示。

图 2.3.18　"高级筛选"对话框　　图 2.3.19　列表区域和条件区域设置

如果选中该对话框中的复选框"选择不重复的记录",则结果中不显示相同的行数据。单击"确定"按钮,完成高级筛选设置,此时在工作表中仅显示每个季度销售量都超过 500 的牛奶,筛选结果如图 2.3.20 所示。取消高级筛选方式同取消自动筛选一样。

	A	B	C	D	E	F	G
1	产品名称	产品类别	第1季度	第2季度	第3季度	第4季度	销量汇总（件）
7	纯牛奶盒装	常温奶	745	882	766	866	3259
13	每日鲜奶	鲜奶	698	524	872	899	2993
21	全脂纯牛奶	常温奶	902	928	879	916	3625
22	乳蛋白鲜牛奶	鲜奶	582	692	779	788	2841
24	双重蛋白酸奶	酸奶	622	555	766	516	2459
26	脱脂纯牛奶	常温奶	936	658	800	886	3280
31	优选牧场牛奶	鲜奶	777	677	872	876	3202
32	有机纯牛奶	常温奶	915	725	915	843	3398

图 2.3.20　高级筛选结果

2.3.3　分类汇总

分类汇总使数据分析和处理更加方便。在进行数据分类汇总操作之前,需要先对数据根据指定字段进行分类排序,再进行数据的统计汇总等操作。

1)分类汇总

在工作表"超市乳制品类销售报表"中显示每个产品类别的各个季度总销量,可以使用分类汇总功能。要利用分类汇总功能统计出每个产品类别的各个季度总销量,首先要将数据表区域 A1:G35 以"产品类别"字段为关键字进行排序。

取消对工作表的自动套用格式,使工作表转换为普通区域。选中 A1:G35 单元格区域,依次单击"数据"→"排序和筛选"→"排序"按钮,在弹出的"排序"对话框中,"主要关键字"下拉列表框中选择"产品类别",并将"排序依据"下拉列表框设置为"单元格值",将"次序"下拉列表框设置为"降序",单击右上角"选项"按钮,打开"排序选项"对话框,更改排序方法为"笔画排序",单击"确定"按钮后,数据区域按照产品类别降序排序,如图 2.3.21 所示。

	产品名称	产品类别	第1季度	第2季度	第3季度	第4季度	销量汇总（件）
2	纯鲜牛奶	鲜奶	321	645	579	849	2394
3	活性物质鲜牛奶	鲜奶	560	416	214	468	1658
4	每日鲜奶	鲜奶	698	524	872	899	2993
5	乳蛋白鲜牛奶	鲜奶	582	692	779	788	2841
6	优选牧场牛奶	鲜奶	777	677	872	876	3202
7	草莓果肉酸奶	酸奶	442	316	390	883	2031
8	双重蛋白酸奶	酸奶	622	555	766	516	2459
9	鲜乳酪酸奶	酸奶	337	513	675	483	2008
10	益生菌风味	酸奶	727	608	786	410	2531
11	原味酸奶	酸奶	626	502	479	832	2439
12	纯牛奶袋装	常温奶	473	854	745	863	2935
13	纯牛奶盒装	常温奶	745	882	766	866	3259
14	全脂纯牛奶	常温奶	902	928	879	916	3625
15	脱脂纯牛奶	常温奶	936	658	800	886	3280
16	学生牛奶	常温奶	264	901	710	816	2691
17	有机纯牛奶	常温奶	915	725	915	843	3398
18	草莓味乳饮料	乳饮料	603	872	284	528	2287
19	果粒乳饮料	乳饮料	436	214	633	566	1849
20	乳酸菌饮料	乳饮料	685	783	528	350	2346

图 2.3.21　数据区域

单击"数据"→"分级显示"→"分类汇总"按钮，在打开的"分类汇总"对话框中设置"分类字段"为"产品类别"，设置"汇总方式"为"求和"，选择"选定汇总项"为"第1季度"、"第2季度"、"第3季度"和"第4季度"，如图2.3.22所示。

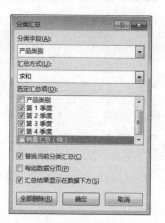

图 2.3.22　"分类汇总"对话框

最后单击"确定"按钮，得到的分类汇总结果如图 2.3.23 所示。

	产品名称	产品类别	第1季度	第2季度	第3季度	第4季度	销量汇总（件）
2	纯鲜牛奶	鲜奶	321	645	579	849	2394
3	活性物质鲜牛奶	鲜奶	560	416	214	468	1658
4	每日鲜奶	鲜奶	698	524	872	899	2993
5	乳蛋白鲜牛奶	鲜奶	582	692	779	788	2841
6	优选牧场牛奶	鲜奶	777	677	872	876	3202
7		鲜奶 汇总	2938	2954	3316	3880	
8	草莓果肉酸奶	酸奶	442	316	390	883	2031
9	双重蛋白酸奶	酸奶	622	555	766	516	2459
10	鲜乳酪酸奶	酸奶	337	513	675	483	2008
11	益生菌风味	酸奶	727	608	786	410	2531
12	原味酸奶	酸奶	626	502	479	832	2439
13		酸奶 汇总	2754	2494	3096	3124	
14	纯牛奶袋装	常温奶	473	854	745	863	2935
15	纯牛奶盒装	常温奶	745	882	766	866	3259
16	全脂纯牛奶	常温奶	902	928	879	916	3625
17	脱脂纯牛奶	常温奶	936	658	800	886	3280
18	学生牛奶	常温奶	264	901	710	816	2691
19	有机纯牛奶	常温奶	915	725	915	843	3398
20		常温奶 汇总	4235	4948	4815	5190	

图 2.3.23　分类汇总结果

单击图 2.3.23 工作区左侧的分级“2”对应的显示按钮“-”，可以按“产品类别”折叠原始数据，看到各级分类汇总的结果，如图 2.3.24 所示。

	A	B	C	D	E	F	G
1	产品名称	产品类别	第 1 季度	第 2 季度	第 3 季度	第 4 季度	销量汇总（件）
7		鲜奶 汇总	2938	2954	3316	3880	
13		酸奶 汇总	2754	2494	3096	3124	
20		常温奶 汇总	4235	4948	4815	5190	
26		乳饮料 汇总	2751	2946	2777	2874	
30		冷藏饮品 汇总	1493	1135	2032	1295	
41		冰淇淋 汇总	6419	8199	7586	5774	
42		总计	20590	22676	23622	22137	

图 2.3.24　各级汇总结果

> **小贴士**
> 数据区域行号左侧的层次按钮，是分级显示按钮，在其上方还有一排用于分级显示数据的数值按钮，便于看清分类汇总结构。

2）取消分类汇总

要取消分类汇总的结果，可在打开的如图 2.3.22 所示的“分类汇总”对话框中，单击左下方的“全部删除”按钮，这样可以取消分类汇总结果，重新显示出所有数据。

3）复制分类汇总的结果

需要复制如图 2.3.24 所示分类汇总结果到其他工作表时，直接复制、粘贴会将数据与分类汇总结果一起进行复制。复制分类汇总结果的操作步骤如下：通过单击分级显示按钮仅显示需要复制的结果，按快捷键“Alt+;”选取当前显示的内容，然后进行复制、粘贴操作。

2.3.4　数据透视表和数据透视图

1. 数据透视表

数据透视表是一种交互式报表，可以快速分类汇总大量数据，建立交叉表，通过选择不同元素查看数据源的不同汇总结果，并显示不同的筛选数据。

为“超市乳制品类销售报表”创建数据透视表，显示年度总销售量前三位的商品销售信息，包括产品名称、各个季度销售量及全年总销售量。数据透视表中可以筛选类别，选中某个产品类别时，则显示该类别总销售量前三位的商品销售信息。

1）创建数据透视表

选中 A1:G35 单元格区域，依次单击“插入”→“表格”→“数据透视表”按钮，在弹出的“创建数据透视表”对话框中，自动选中“选择一个表或区域”单选按钮，并在“表/区域”文本框中自动填入“超市乳制品类销售报表!$A$1:$G$35”数据区域，在“选择放置数据透视表的位置”选项组中选中“新工作表”单选按钮，如图 2.3.25 所示。

单击“确定”按钮，进入数据透视表设计环境，如图 2.3.26 所示。

将数据透视表所在的新工作表重命名为“销售量前三位产品”。从“选择要添加到报表的字段”列表框中将“产品名称”字段拖到“行”框中，将“产品类别”字段拖到“筛选”框中，将“第 1 季度”、“第 2 季度”、“第 3 季度”、“第 4 季度”和“销量汇总（件）”字段拖到“值”框中，“列”框中自动添加了“Σ 数值”，如图 2.3.27 所示。

双击文本“求和项:第 1 季度”所在的单元格，打开“值字段设置”对话框。修改“自定义名称”为“第 1 季度销量”，如图 2.3.28 所示。

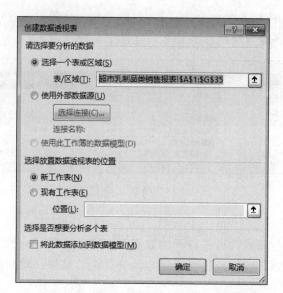

图 2.3.25 "创建数据透视表"对话框

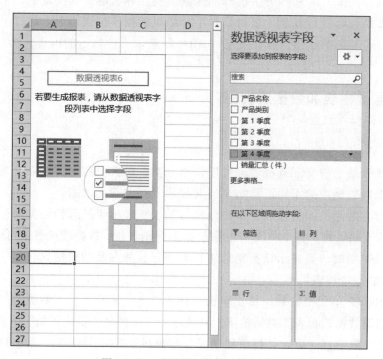

图 2.3.26 数据透视表设计环境

单击"确定"按钮,修改列标题文字。利用同样的方式将"求和项:第 2 季度"修改为"第 2 季度销量",将"求和项:第 3 季度"修改为"第 3 季度销量",将"求和项:第 4 季度"修改为"第 4 季度销量",将"求和项:销量汇总(件)"修改为"总销售量"。

依次单击"数据透视表工具"的"设计"→"布局"→"总计"按钮,在展开的下拉列表中单击"对行和列禁用",如图 2.3.29 所示,不显示总计行数据。

数据透视表创建完毕,工作表中展示出所有产品中全年总销售量最多的三种产品的销售数据信息,如图 2.3.30 所示。

图 2.3.27　数据透视表字段

图 2.3.28　"值字段设置"对话框

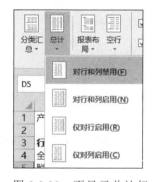

图 2.3.29　不显示总计行

	A	B	C	D	E	F
1	产品类别	(全部)				
2						
3	产品名称	第1季度销量	第2季度销量	第3季度销量	第4季度销量	总销售量
4	全脂纯牛奶	902	928	879	916	3625
5	脱脂纯牛奶	936	658	800	886	3280
6	有机纯牛奶	915	725	915	843	3398
7						

图 2.3.30　数据透视表

在"产品类别"中筛选单个类别,如"冰淇淋",可以查看"冰淇淋"类别中销量前三位的产品销售数据。单击图 2.3.30 数据透视表左上角"产品类别(全部)"旁的下拉按钮,在展开的下拉列表中选中"冰淇淋",单击"确定"按钮后,数据透视表中就展示出冰淇淋类别中销量最多的三个产品销售数据,如图 2.3.31 所示。

	A	B	C	D	E	F
1	产品类别	冰淇淋				
2						
3	产品名称	第1季度销量	第2季度销量	第3季度销量	第4季度销量	总销售量
4	盒装六合一	808	799	876	720	3203
5	迷你甜筒	774	799	609	805	2987
6	抹茶味	895	879	895	596	3265
7						

图 2.3.31　冰淇淋中销量最多的三个产品

2)更新数据

当数据区域创建了数据透视表后,修改数据源不会影响数据透视表,可以右击数据透视表的任意单元格,在弹出的快捷菜单中选择"刷新"命令,更新数据透视表中的数据。

　　3）调整数据透视表字段

　　数据透视表创建完成后，仍然可以调整数据透视表中的字段，如添加字段、删除字段和调整字段顺序等。删除数据透视表字段，可以在"数据透视表字段"窗格中取消选中"选择要添加到报表的字段"列表框中相应的复选框。添加数据透视表字段，可以从"选择要添加到报表的字段"列表框中将相应字段拖到"值"框中。更改数据透视表字段顺序，可以在"值"字段中拖动字段名称向上或向下移动，数据透视表中该字段位置会随之左右调整。

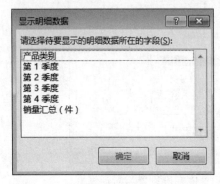

图 2.3.32　"显示明细数据"对话框

　　4）查看数据透视表中的明细数据

　　在数据透视表查看字段明细数据，可以右击要查看的字段，从弹出的快捷菜单中选择"展开/折叠"→"展开"命令，打开"显示明细数据"对话框，如图 2.3.32 所示。

　　在"显示明细数据"对话框的列表框中选择要查看的字段名称，单击"确定"按钮，明细数据就会显示在数据透视表中。也可以通过单击行标签前面的"+"或"-"按钮，展开或折叠数据。

2. 数据透视图

　　用图形的形式表示数据透视表的图表称作数据透视图，数据透视图与数据透视表之间的字段数据相互对应，调整数据透视表中的数据时，数据透视图会自动做出同步调整。

　　为图 2.3.31 所示数据透视表添加数据透视图，操作步骤如下：单击数据透视表的任意单元格，单击"插入"→"图表"→"数据透视图"按钮，在展开的下拉列表中单击"数据透视图"命令，如图 2.3.33 所示。

　　打开"插入图表"对话框，在左侧"所有图表"列表框中选择"组合图"图表类型，从右侧列表框中选择"簇状柱形图-折线图"子类型，在"为您的数据系列选择图表类型和轴"选项组中，将系列名称"第 1 季度销量"、"第 2 季度销量"、"第 3 季度销量"和"第 4 季度销量"的图表类型都设置为"簇状柱形图"，将系列名称"总销售量"的图表类型都设置为"折线图"，"次坐标轴"复选框都不选，如图 2.3.34 所示。

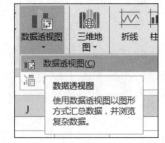

图 2.3.33　"数据透视图"命令

　　单击"确定"按钮，即可在工作表中插入数据透视图，如图 2.3.35 所示。

　　如果需要查看某个产品类别的数据，如"酸奶"，在"数据透视图筛选"窗格中选择"产品类别"下拉列表框的"酸奶"选项即可，此时数据透视表和数据透视图会同步切换显示的数据和图形，如图 2.3.36 所示。也可以在数据透视表的筛选框"产品类别"旁的下拉列表框选择"酸奶"选项，效果相同。

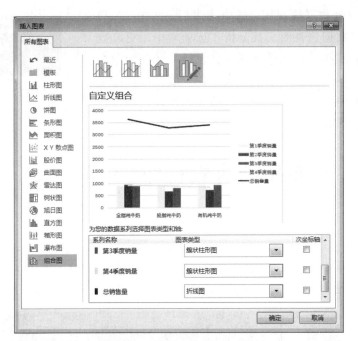

图 2.3.34　"插入图表"对话框

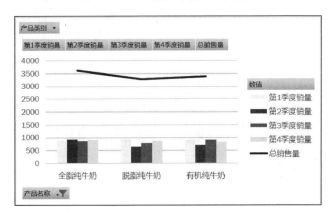

图 2.3.35　数据透视图

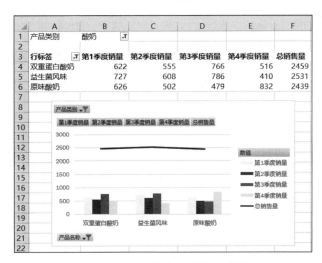

	A	B	C	D	E	F
1	产品类别	酸奶				
2						
3	行标签	第1季度销量	第2季度销量	第3季度销量	第4季度销量	总销售量
4	双重蛋白酸奶	622	555	766	516	2459
5	益生菌风味	727	608	786	410	2531
6	原味酸奶	626	502	479	832	2439

图 2.3.36　切换为"酸奶"数据

小贴士

　　数据透视图的图表类型为"饼图"时，默认用数据透视表"值"框中的第一个列数据创建饼图。

如果需要更改数据透视图,选中图表后,如图 2.3.37 所示,可以在"数据透视图工具分析"选项卡中,更改数据源、移动图表;在"数据透视图工具设计"选项卡中,更改图表类型、图表布局和图表样式;在"数据透视图工具格式"选项卡中,更改数据透视图的外观设计。设置内容与方法和普通图表类似。

图 2.3.37　数据透视图工具

任务 2.4　商品销售表打印

任务描述

超市职员小王将乳制品类四个季度的销售情况表应用了样式和主题,使工作表更加美观。同时调整了页面设置,打印最终效果如图 2.4.1 所示。

产品名称	产品类别	第1季度	第2季度	第3季度	第4季度	销量汇总(件)
脱脂纯牛奶	常温奶	936	658	800	886	3280
全脂纯牛奶	常温奶	902	928	879	916	3625
学生牛奶	常温奶	264	901	710	816	2691
有机纯牛奶	常温奶	915	725	915	843	3398
纯牛奶盒装	常温奶	745	882	766	866	3259
纯牛奶袋装	常温奶	473	854	745	863	2935
优选牧场牛奶	鲜奶	777	677	872	876	3202
纯鲜牛奶	鲜奶	321	645	579	849	2394
每日鲜奶	鲜奶	698	524	872	899	2993
活性物质鲜牛奶	鲜奶	560	416	214	468	1658
乳蛋白鲜牛奶	鲜奶	582	692	779	788	2841
原味酸奶	酸奶	626	502	479	832	2439
益生菌风味	酸奶	727	608	786	410	2531
草莓果肉酸奶	酸奶	442	316	390	883	2031
鲜乳酪酸奶	酸奶	337	513	675	483	2008
双重蛋白酸奶	酸奶	622	555	766	516	2459

图 2.4.1　商品销售表

为了更直观、更清晰地观察分析产品销售数据,小王决定采用多种类型的图表展示,对"产品销售表"的数据系列,建立数据图表。其效果图如图 2.4.2 所示。

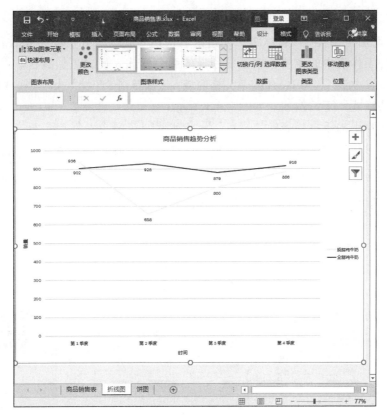

图 2.4.2　折线图

任务分析

▶ 任务技能目标

通过本次任务，掌握以下技能：

（1）掌握工作簿工作表保护；

（2）掌握工作表主题样式使用；

（3）掌握常见图表类型及使用；

（4）掌握页面布局操作；

（5）能够设置打印操作。

▶ 核心知识点

工作表主题、样式；数据图表及应用；打印设置

任务实现

2.4.1　工作表的主题及样式使用

1. 工作表样式使用

Excel 为用户提供了许多已经预先设计好的表格格式，用户可以直接套用这些表格格式，快速进行表格格式的设置。通过"开始"选项卡的"样式"组，在"套用表格样式"或者"单元格样式"下拉列表中，可以选用系统内置样式，快速地装饰选中区域的

单元格的边框、底纹和字体等格式。

"套用表格样式"可以将单元格区域快速转换为具有预设样式的表格。"单元格样式"可以为工作表中的重要数据添加预设的颜色样式，使之更加醒目。

设置方法：选中 B2:H36 单元格区域，依次单击"开始"选项卡→"样式"选项组→"套用表格格式"下拉按钮，如图 2.4.3 所示。

在弹出的下拉列表的"浅色"→"冰蓝，表样式浅色 18"样式，在打开的"套用表格式"对话框中保持默认的"表数据的来源"，如图 2.4.4 所示，单击"确定"按钮，即可将选定单元格区域套用指定格式。

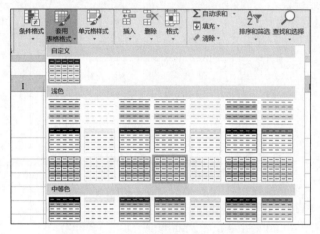

图 2.4.3 "套用表格格式"下拉按钮   图 2.4.4 "套用表格式"对话框

选中列标题区域 B2:H2 区域，添加单元格样式。单击"样式"→"单元格格式"下拉按钮，如图 2.4.5 所示，在弹出的下拉列表的"主题单元格格式"中选择"蓝-灰，着色 2"。

要取消自动套用格式，可以选中区域后，在如图 2.4.6 所示的"设计"选项卡中单击"工具"选项组中的"转换为区域"命令，将工作表转换成普通区域。

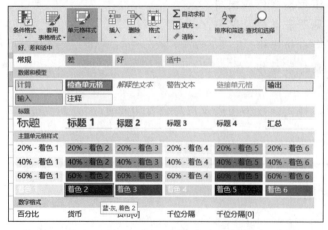
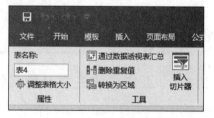

图 2.4.5 "单元格格式"下拉按钮   图 2.4.6 "转换为区域"命令

2. 工作表主题选择

用户如果需要工作表内容快速具有样式和合适的个人风格，可以选择应用 Excel 预先设置好的主题，每个主题使用一组独特的颜色、字体和效果来打造一致的外观。

应用主题的方式：依次单击"页面布局"→"主题"→"主题"下拉按钮，如图 2.4.7 所示，在现有的主题中选择合适的风格。也可以单击主题右侧的三个按钮，如图 2.4.8 所示，单独调整主题颜色、主题字体和主题效果。

图 2.4.7　主题选择　　　　　图 2.4.8　颜色、字体、效果设置

3. 工作表背景添加

本任务中的例子商品销售表使用了默认的白色底色，没有添加工作表背景，如果需要将工作表添加一些个性化设置，可以选择一张图片添加在工作表的背景中。

添加背景图片的方法：依次选择"页面布局"→"页面设置"→"背景"按钮，如图 2.4.9 所示，在弹出的"插入图片"界面中选择合适图片，插入工作表作为背景。

图 2.4.9　"插入图片"界面

2.4.2　利用表格数据制作图表

为了让用户更加方便地了解数据、数据发展趋势以及不同数据系列之间的关系，Excel 提供了多种类型的图表，用户可以利用有效数据来建立图表。用图形的形式来表示数据系列，可以使电子表格中的数据更加直观、形象。

在 Excel 2016 中提供的图表类型有柱形图、折线图、饼图、条形图、面积图、XY 散点图、股价图、曲面图、雷达图、树状图、旭日图、直方图、箱型图、瀑布图和组合图等。

1. 折线图

利用折线图可以更清楚地显示数据随时间或者类别变化的趋势，在"商品销售表"中创建折线图，可以直观地看到某种商品的销售变化趋势。下面以"脱脂纯牛奶"和"全脂纯牛奶"两种商品为例，对比销售变化趋势。

1) 创建折线图空白图表

打开"商品销售表"，选中工作表任意空白单元格区域，单击"插入"→"图表"→"折线图"下拉按钮，在弹出的下拉列表中选择"二维折线图"→"折线图"，如图 2.4.10 所示，添加一个空白图表。

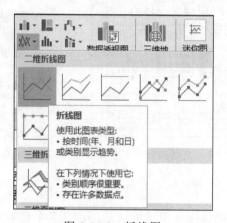

图 2.4.10　折线图

2) 选择数据

选中空白图表，单击"图表工具"→"设计"→"数据"→"选择数据"按钮，弹出"选择数据源"对话框，如图 2.4.11 所示。

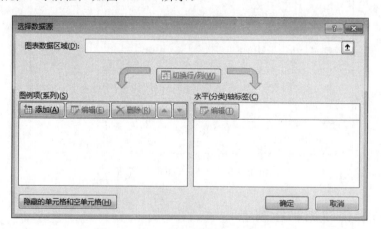

图 2.4.11　"选择数据源"对话框

在"图表数据区域"中，用鼠标配合 Ctrl 键，选中 B3:B4 和 D3:G4 单元格区域，"图表数据区域"显示区域如图 2.4.12 所示。

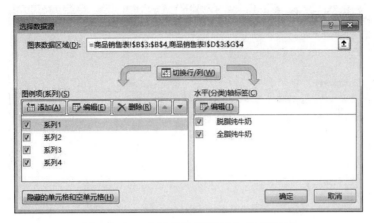

图 2.4.12 "图表数据区域"显示区域

此时的折线图是按列数据生成图表，如需按行数据生成图表，则要对调图表的图例项和水平轴数据，才能正确展示两种牛奶四个季度的销售趋势。单击"切换行/列"按钮后，图例项显示两种牛奶的产品名称，水平（分类）轴标签显示四个季度，如图 2.4.13 所示。

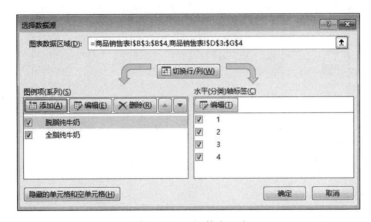

图 2.4.13 切换行/列

切换折线图行/列显示数据项后，"水平（分类）轴标签"显示自动添加的标签内容，应修改为 D2:G2 单元格区域存储的列标题的数据内容。单击"编辑"按钮，弹出"轴标签"对话框，如图 2.4.14 所示。单击"轴标签区域"右侧按钮选择 D2:G2 单元格区域，如图 2.4.15 所示。

图 2.4.14 "轴标签"对话框

图 2.4.15 轴标签区域

单击"确定"按钮后，"水平（分类）轴标签"正确显示了 D2:G2 单元格区域存储的列标题的文字内容，如图 2.4.16 所示。

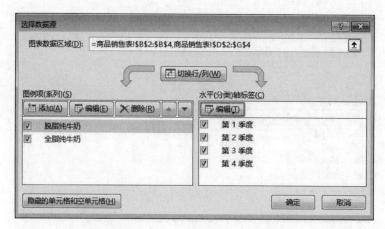

图 2.4.16　水平（分类）轴标签

单击"确定"按钮，成功添加图表，此时折线图如图 2.4.17 所示。

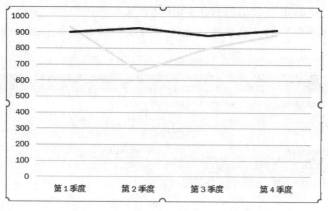

图 2.4.17　折线图

3）设计图表

在折线图空白区域处单击，单击"图表工具"→"设计"→"图表布局"→"快速布局"下拉按钮，在弹出的下拉列表中选择"布局 1"，如图 2.4.18 所示，完成对图表标题、坐标轴标题、图例、网格线的设置。

图 2.4.18　折线图布局设置

（1）更改图表标题。单击折线图中的图表标题，进入图表标题的编辑状态，将标题改为"商品销售趋势分析"，如图 2.4.19 所示。右击图表标题，在弹出的快捷菜单上选择"设置图表标题格式"命令，在窗口右侧展开"设置图表标题格式"窗格，可以设置填充与线条、效果、大小与属性，如图 2.4.20 所示。

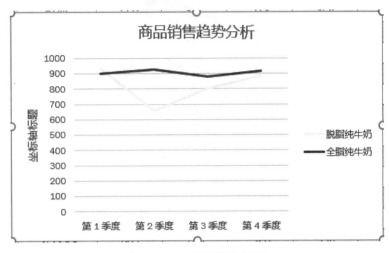

图 2.4.19　更改图表标题

（2）设置坐标轴标题。单击"图表工具"→"设计"→"图表布局"→"添加图表元素"下拉按钮，在弹出的下拉列表中选择"坐标轴标题"→"主要横坐标轴"，如图 2.4.21 所示，单击水平（分类）轴标题，进入编辑状态，将标题修改为"时间"。单击垂直轴标题，进入编辑状态，将标题修改为"销量"。

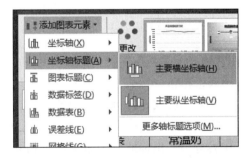

图 2.4.20　"设置图表标题格式"窗格　　　图 2.4.21　坐标轴标题设置

（3）设置图例。如果图表中没有图例，添加操作如下：单击"图表工具"→"设计"→"图表布局"→"添加图表元素"下拉按钮，在弹出的下拉列表中选择"图例"→"右侧"命令，如图 2.4.22 所示。如需修改图例格式，可右击图例，在弹出的快捷菜单上选择"设置图例格式"命令，在窗口右侧展开"设置图例格式"窗格，可以进行设置。

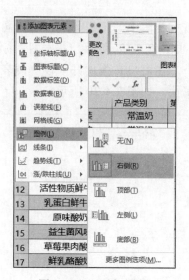

图 2.4.22 添加图例

（4）添加数据标签。单击"图表工具"→"设计"→"图表布局"→"添加图表元素"下拉按钮，在弹出的下拉列表中选择"数据标签"→"下方"命令，在折线图下方显示数据标签，如图 2.4.23 所示，当数据数值相近时，位置会相互遮挡，微调个别数据标签即可。

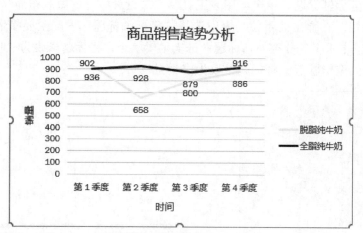

图 2.4.23 添加数据标签

4）图表格式设置

选中图表，单击"图表工具"→"格式"选项卡，可用相应的命令对图表对象进行形状样式、艺术字样式、排列和大小等格式设置。

5）移动图表位置

当工作表有多张图标时，为避免图表相互遮挡，可以重新选择图表放置的位置。右击图表，在弹出的快捷菜单中选择"移动图表"命令，会弹出"移动图表"对话框，选择"新工作表"，将新工作表重命名为"折线图"，如图 2.4.24 所示，单击"确定"按钮，将图表移动至新工作表中。

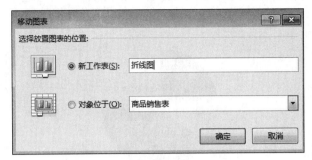

图 2.4.24　"移动图表"对话框

2. 饼图

饼图可以更清楚地显示总体的比例，适合总数达到 100% 时使用。在"商品销售表"中以鲜奶类别中不同牛奶产品的总销量创建饼图为例，可以直观看到多种牛奶产品的全年销量在鲜奶全年总销量中所占的比例。操作步骤如下：

用 Ctrl 键辅助鼠标选中 B9:B13 和 H9:H13 单元格区域，单击"插入"→"图表"→"饼图"下拉按钮，在弹出的下拉列表中选择"二维饼图"→"饼图"，如图 2.4.25 所示，添加一个饼图。

在折线图空白区域处单击，单击"图表工具"→"设计"→"图表布局"→"快速布局"下拉按钮，在弹出的下拉列表中选择"布局 1"命令，如图 2.4.26 所示，完成对图表标题、值和百分比数据标签的设置。

> **小贴士**
> 创建图表时，可以先添加空白图表后选数据，也可以先选数据后添加图表，操作顺序不影响图表创建结果。

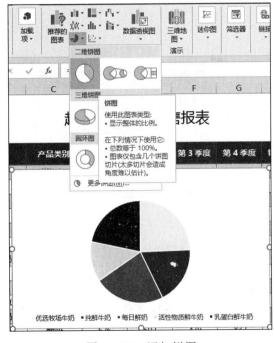

图 2.4.25　添加饼图

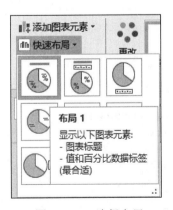

图 2.4.26　选择布局

修改图表标题为"鲜奶销量比例"，调整值和百分比数据标签的位置及文字颜色，得到如图 2.4.27 所示的最终饼图。移动图表位置至新工作表，并将新工作表命名为"饼图"，适当调整值和百分比数据标签位置及文字字号大小。

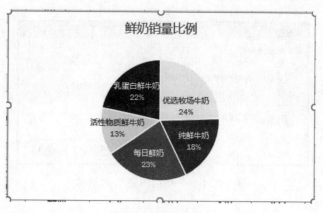

图 2.4.27

图 2.4.27　饼图

2.4.3　保护工作簿及工作表

1. 保护工作簿及撤销保护

对于重要的 Excel 文件，为了防止其他用户对工作簿的结构进行更改，如进行添加、删除工作表等操作，可以设置保护工作簿。依次单击"审阅"→"保护"→"保护工作簿"按钮，在弹出的对话框中设置密码，如图 2.4.28 所示，然后再次确认密码。注意密码区分大小写，且如果丢失或忘记密码，则无法恢复。如需撤销工作簿保护，只要再次单击"保护工作簿"按钮，在弹出的对话框中输入保护密码即可，如图 2.4.29 所示。

图 2.4.28　"保护结构和窗口"对话框　　图 2.4.29　"撤销工作簿保护"对话框

图 2.4.30　"保护工作表"对话框

2. 保护工作表及撤销保护

为了防止其他用户对商品销售表中重要的销售数据进行编辑或者更改格式，可以对商品销售表设置保护操作，如设置保护密码为"123456"，只有输入正确密码撤销保护后，才能正常编辑锁定的单元格数据。

设置步骤如下：选中工作表"商品销售表"，选择"审阅"选项卡，选择"保护工作表"，勾选允许此工作表所有用户可以进行的操作，设定取消工作表保护时使用的密码为"123456"，同时需要重新确认一次密码，如图 2.4.30 所示。撤销保护时单击"撤销工作表保护"按钮，输入密码即可。

3. 共享工作簿

共享工作簿允许您与多人协作处理工作簿，选择"文件"→"共享"，如果文件尚未保存到 OneDrive，系统会提示将文件上传到 OneDrive 以进行共享。

2.4.4 页面布局及打印设置

商品销售表美化和图表创建都完成后，进行页面设置，如纸张大小和方向、页边距、页眉页脚和要打印的数据区域等，设置完成就可以直接打印报表。

1. 设置纸张方向和纸张大小

依次单击"页面布局"→"页面设置"→"纸张方向"下拉按钮，在弹出的下拉列表中选择"纵向"命令，如图 2.4.31 所示，设置打印纸张方向为纵向。打印纸张大小根据实际需要选择，如"商品销售表"使用 A4 纸打印，单击"纸张大小"下拉按钮，在弹出的下拉列表中选择"A4"命令，如图 2.4.32 所示。

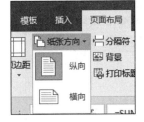

图 2.4.31 纸张方向 　　图 2.4.32 纸张大小

2. 设置页边距

页边距指整个文档或当前部分打印纸张边界与打印内容之间的距离。单击"页面布局"→"页面设置"→"页边距"按钮，如图 2.4.33 所示。在弹出的下拉列表中选择预先设置好的页边距，还可以选择"自定义边距"选项，在弹出的"页面设置"对话框的"页边距"选项卡中根据工作表中打印区域实际需要设置上、下、左、右边距，如图 2.4.34 所示，单击"确定"按钮即可。

图 2.4.33 "页边距"下拉列表

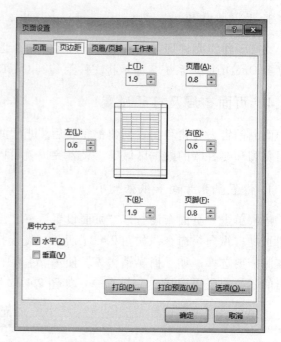

图 2.4.34 自定义页边距

3. 设置页眉和页脚

单击"页面布局"→"页面设置"选项组右下方的对话框启动器按钮,在打开的"页面设置"对话框中选择"页眉/页脚"选项卡,如图 2.4.35 所示。

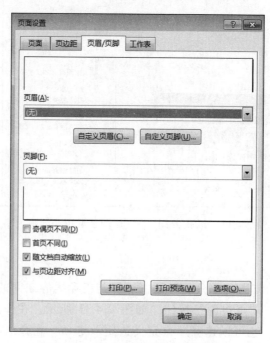

图 2.4.35 "页眉/页脚"选项卡

单击"自定义页眉"按钮,在打开的如图 2.4.36 所示的"页眉"对话框中单击"中部"文本框,输入"商品销售表"文本,单击"确定"按钮。

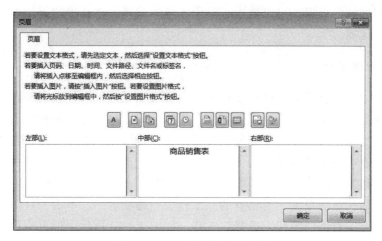

图 2.4.36 "页眉"对话框

单击"自定义页脚"按钮，在打开的如图 2.4.37 所示的"页脚"对话框中单击"中部"文本框，插入页码，单击"确定"按钮。页眉和页脚在工作簿普通视图中不可见，仅在打印预览或打印后才可见。

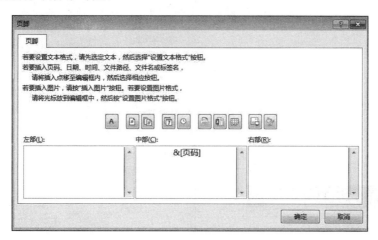

图 2.4.37 "页脚"对话框

4. 设置打印区域

需要指定工作簿中打印的区域，可以进行设置。操作步骤如下：选中"商品销售表"要设为打印区域的 B1:H36 单元格区域，依次单击"页面布局"→"页面设置"→"打印区域"下拉按钮，在弹出的下拉列表中单击"设置打印区域"命令，如图 2.4.38 所示，即可将打印区域设置为工作表中的 B1 到 H36 单元格区域。

图 2.4.38 设置打印区域

取消打印区域的设置，可以单击"打印区域"按钮，在弹出的下拉列表中选择"取消打印区域"选项。

小贴士

当表格数据较多，要更改打印范围时，也可以依次选取"视图"选项卡→"工作簿视图"选项组→"分页预览"按钮，切换到"分页预览"视图，通过调整分页符位置快速实现打印范围更改。

5. 设置打印标题

在工作中，经常会遇到 Excel 工作表中内容过多、有很多行数据和列数据的时候，在单页纸张中打印不下，会分成多页纸张打印，但只在第一页中显示行列标题。为了能更清楚地浏览数据，可进行打印标题的设置，使每页纸张中都出现行标题和列标题，避免用户对工作表中数据理解错误。

操作方法如下：单击"页面布局"→"页面设置"→"打印标题"按钮，如图 2.4.39 所示，在打开的"页面设置"对话框的"工作表"选项卡中，单击"打印标题"选项组中"顶端标题行"右侧的按钮，选择第 2 行，如图 2.4.40 所示，即可将打印标题的顶端标题行设置为第 2 行。如果列数据很多，就需要打印行标题，单击"从左侧重复的列数"右侧的按钮，选择第 A 列，单击"确定"按钮，即可将从左侧重复的列数设置为第 A 列。

图 2.4.39 "打印标题"按钮　　　图 2.4.40 顶端标题行

6. 设置其他打印选项

单击"页面布局"→"工作表选项"右下角对话框按钮，在弹出的"页面设置"对话框中的"工作表"选项卡中，"打印"选项组还可以设置其他打印选项，如"网格线"、"行和列标题"，选中复选框，如图 2.4.41 所示，即可设置为在打印时显示网格线、行和列标题。

图 2.4.41 "打印"选项组

7. 预览及打印

完成页面设置后，可以先预览打印效果再打印工作表。依次选择"文件"→"打印"按钮，如图 2.4.42 所示，窗口右侧可以预览打印效果。在选好打印机和打印份数之后，就可以开始打印工作表了。

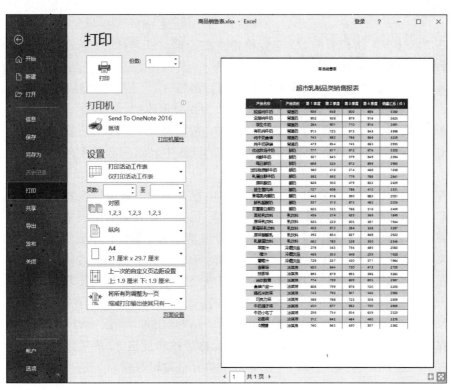

图 2.4.42　打印预览

单元小结

Excel 2016 是常用的 Office 系列办公软件之一，主要用于处理表格数据。本单元学习对动手操作能力要求更高，熟练使用 Excel 可以解决更多实际工作和学习问题。

本单元从实际应用的角度出发，通过"制作学生成绩表"任务，学习了表格文件基本操作。通过"工资表制作"任务，学习了公式和函数的使用。通过"商品销售表数据分析"任务，学习了表格数据的管理和分析。通过"商品销售表打印"任务，学习了样式、图标和打印设置的应用。

通过本单元的学习，要求能够利用 Excel 2016 正确管理、分析表格数据，并使其能更加美观地展示出来。

课后习题

一、选择题

1. 在 Excel 中，工作表的 D5 单元格中存在公式 "=B5+C5"，若在工作表第 2 行插入一新行后，原单元格中的内容为（　　）。

  A. =B5+C5　　　　　B. =B6+C6　　　　C. 出错　　　　D. 空白

2. 在 Excel 中，数据清单中的列标记被认为是数据库的（　　）。

  A. 字数　　　　　　B. 字段名　　　　C. 数据类型　　D. 记录

3. 对 Excel 工作表进行数据筛选操作后，该表中显示筛选结果，原表中其余数据（　　）。

  A. 已被删除，不能再恢复　　　　　B. 已被删除，但可以恢复

  C. 被隐藏起来，但未被删除　　　　D. 已被放置到另一个表格中

4. 在 Excel 单元格中输入（　　）可以使该单元格在编辑栏中显示为 0.5。

  A. 1/2　　　　　　B. 0 1/2　　　　　C. =1/2　　　　D. '1/2

5. 在 Excel 中，工作表的 D7 单元格内存在公式 "=A7+$B$4"，若在第 3 行处插入一新行，则插入后原单元格中的内容为（　　）。

  A. =A8+$B$4　　　B. =A8+$B$5　　　C. =A7+$B$4　　D. =A7+$B$5

6. 在 Excel 2016 中，用鼠标选中某个单元格后按功能键 F2 的效果是（　　）。

  A. 单元格出现闪动光标，可以在当前单元格编辑数据

  B. 弹出帮助窗口

  C. 弹出"定位"对话框

  D. 以上说法都不对

7. 在单元格中出现一连串 "#####" 符号，以下处理方式中正确的是（　　）。

  A. 删除该单元格　　　　　　B. 重新输入数据

  C. 删除这些符号　　　　　　D. 调整单元格宽度

8. 绝对地址被复制到其他单元格时，其单元格地址（　　）。

  A. 不变　　　　　　B. 部分变化　　　　C. 发生改变　　D. 不能复制

9. 当在某个单元格内输入一个公式后，单元格内容显示为"#REF!"，表示（　　）。

  A. 某个参数不正确　　　　　　B. 单元格太小

  C. 公式引用了无效的单元格　　D. 除数为零

10. 在 Excel 中，对指定区域 B1:B5 求平均值的函数是（　　）。

  A. SUM (B1:B5)　　　　　　B. AVERAGE (B1:B5)

  C. MAX (B1:B5)　　　　　　D. SUMIF (B1:B5)

11. 在 Excel 中，删除工作表中对图表链接的数据时，图表将（　　）。

  A. 不会发生变化　　　　　　B. 必须通过编辑删除相应的数据点

  C. 自动删除相应的数据点　　D. 被复制

12. 不正确的单元格地址是（　　）。

A. C$66 B. $C66 C. C6$6 D. $C$66

13. 某单元格数据为日期型"1983 年 7 月 5 日",选择"清除格式"命令,单元格的内容为（　　）。

A. 55 B. 5 C. 1983-7-5 D. 以上都不对

14. 如果一个单元格中的信息是以"="开头,则说明该单元格中的信息是（　　）。

A. 常数 B. 公式 C.提示信息 D. 无效数据

15. 若将某单元格的数据 100 显示为"100.00",则应将数据格式设置为（　　）。

A. 常规 B. 数值 C.日期 D. 文本

16. 以下关于"视图"的选项中不是 Excel 中的选项是（　　）。

A. 普通 B. 页面布局 C.分页预览 D. 放映

17. 在单元格中输入文本学号 1001,应该输入（　　）。

A. /1001 B. '1001 C. +1001 D. '1001'

18. 下列选项中,属于相对引用的是（　　）。

A. A5 B. $A5 C. A$5 D. $A$5

二、填空题

1. 生成了 Excel 图表后,若用户希望修改图表中图例的位置,可以选择_____选项卡,单击"标签"组中的"图例"按钮,在下拉列表中进行选择。

2. 生成了 Excel 图表后,若用户希望修改图表中的数据源,可以选择"设计"选项卡,单击_____组中的"选择数据"按钮,打开"选择数据源"对话框进行设置。

3. 在 Excel 筛选数据时,按筛选条件显示若干记录,其余记录被_____。

4. 在一个单元格中输入两行内容,可使用_____+_____复合键。

5. 在 Excel 中单元格引用分为_____、_____和_____3 类。

6. 单元格相对引用的名称由_____和_____确定。

7. 在 Excel 中默认单元格中的数值型数据靠_____对齐,日期型数据靠_____对齐,文本型数据靠_____对齐。

8. Excel 2016 文件保存时默认文件后缀名为_____。

三、操作题

1. 小江在一家公司担任财务助理,部门领导要求小江对公司员工的工资信息进行相应的数据处理和统计。请你根据下图所示的员工工资表,按照如下要求帮助小江完成相关工作。

（1）将工作表"Sheet1"重命名为"工资表"，并将该工作表标签颜色设为"红色（标准色）"。

（2）将工作表的第一行根据表格实际情况合并居中为一个单元格，并设置合适的字体、字号，使其成为该工作表的标题。

（3）在"工号"列中填充输入"001、002、003……"格式的员工工号信息。

（4）在工作表中，请根据员工的工作年限计算每个人的津贴（津贴=工作年限*津贴标准），并将计算结果填入"津贴"列中。

（5）根据工作表中的数据，使用函数分别计算总工资和总工资排名，并填入对应的"总工资"和"排名"列内。

（6）根据工作表中的数据，使用函数计算每个员工的"工资等级"，其中"总工资"大于等于 5000 的显示为"高"，大于等于 4000 低于 5000 的显示为"中"，低于 4000 的显示为"低"。

（7）根据工作表中的数据，使用函数计算"奖金最多"的值、"津贴最少"的值和"总工资最大差值"，并填入对应单元格内。

（8）请将所有数据区域对齐方式调整为水平和垂直居中，并为第三行列标题的单元格区域填充标准色橙色背景。

（9）保存"Excel.xlsx"文件。

2.体育达标测试后，子轩作为班长需要协助辅导员对班级的体育成绩进行统计分析，方便辅导员掌握班级体育达标情况。请你在考生文件夹中打开"Excel.xlsx"文件，按照题目要求帮助子轩完成相应的操作。

（1）对工作表 Sheet1 的 A1:H1 进行合并后居中，并调整标题文字的字体字号，修改工作表名为"体育达标成绩"，将数据区域添加所有框线，将列宽设为自动。

（2）按照下列条件使用函数填写"体育达标成绩"工作表中的"100 米总评"和"铅球总评"列。

项目	性别	合格线	总评
100 米	男	>14 秒	不合格
100 米	男	≤14 秒	合格
100 米	女	>16 秒	不合格

续表

项目	性别	合格线	总评
100 米	女	≤16 秒	合格
铅球	男	>7.5 秒	合格
铅球	男	≤7.5 秒	不合格
铅球	女	>5.5 秒	合格
铅球	女	≤5.5 秒	不合格

（3）根据"原学号"填写"新学号"列数据，新学号的规则是在原学号的第 4 位和第 5 位之间插入"05"。例如原学号"2017032002"对应新学号为"201705032002"。

（4）将工作表"体育达标成绩"工作表中利用条件格式对"铅球成绩（米）"列数值设置不同颜色（标准色），具体规则如下表。

序号	铅球成绩（米）	字体颜色
1	成绩＞9	红色
2	7≤成绩≤9	绿色
3	成绩＜7	蓝色

（5）在"体育达标成绩"工作表中，完成 J3:K5 区域的统计表。

（6）在原有工作表的最右侧添加"统计分析"工作表，利用高级筛选找出"100 米总评"或"铅球总评"不合格的同学（条件区域 A1:B3，筛选结果放置在从 A5 单元格开始的区域）。

（7）根据"体育达标成绩"工作表数据，创建一个数据透视表，"选择放置数据透视表的位置"为"新工作表"，新工作表放置于最右侧，工作表名为"铅球总评分析透视表"，其中行标签为性别，列标签为铅球总评，并对铅球总评计数。为数据透视表套用带标题行的"数据透视表样式浅色 20"的表格格式，数据区域 A3:D7 对齐方式设为水平和垂直居中。

（8）保存"Excel.xlsx"文件。

学习笔记

3 单元

PowerPoint 2016 演示文稿制作

单元导读 ▪▪▪▪▪▪▪▪▪▪▪▪▪▪▪▪▪▪▪▪▪▪▪▪▪

演示文稿制作是信息化办公的重要组成部分。借助演示文稿制作工具，可快速制作出图文并茂、富有感染力的演示文稿，并且可通过图片、视频和动画等多媒体形式展现复杂的内容，从而使表达的内容更容易理解。

本单元详细介绍 PowerPoint 2016 的使用方法，包括文稿创建制作、动画设计、母版制作和使用、演示文稿放映和导出基本操作、版面设计、表格的制作和处理、图文混排、模板与样式的使用等内容。

任务 3.1 | 初识演示文稿制作

任务描述

　　AI 科技有限公司是一家专注于智能感知、智能识别、信息安全应用、人工智能和机器人等技术的大型智能融合系统解决方案服务提供商。为了能做好企业的形象宣传和经验推广，人力资源部将在企业宣讲会上做企业介绍，公司企划部小徐接到演示文稿制作任务后，根据制作的主题对演示文稿的内容进行了梳理，确定了包含"企业简介""企业发展""公司环境""企业理念""企业产品"5 个内容的演示主线，并根据需求收集整理了相关的文案、图片、音频和视频等素材，完成准备工作后便使用 PowerPoint2016 软件开始演示文稿的基础编辑。

任务分析

▶ 任务技能目标

　　通过本次任务，掌握以下技能：

　　（1）了解 PowerPoint 2016 演示文稿的操作界面、应用场景，熟悉相关工具的功能和操作流程；

　　（2）掌握演示文稿的创建、打开、保存、退出等基本操作；

　　（3）熟悉演示文稿不同视图方式的应用。

▶ 核心知识点

　　不同视图的切换，不同功能选项卡的切换和操作，演示文档制作基本常识，演示文稿的命名

任务实现

3.1.1　PowerPoint 2016 的基本功能

　　PowerPoint 2016 是微软公司 Office 2016 办公套装软件中的一个重要组件，用于制作具有图文并茂展示效果的演示文稿。

　　演示文稿容易操作，适合非专业人士使用。其特点是生动形象、图文并茂、主次分明。演示文稿由用户根据软件提供的功能自行设计、制作和放映，具有动态性、交互性和可视性，广泛应用在演讲、报告、产品演示和课件制作等内容展示上。借助演示文稿，可更有效地进行表达与交流。

　　制作的演示文稿可以在投影仪或计算机上进行演示，也可以打印出来，制作成胶片，以便应用到更广泛的领域中。

3.1.2　PowerPoint 2016 的工作界面

　　PowerPoint 2016 的工作界面由"文件"选项卡、快速访问工具栏、标题栏、功能选项卡、功能区、"幻灯片/大纲"窗格、幻灯片编辑区、备注窗格、状态栏等组成，如

图 3.1.1 所示。

图 3.1.1　PowerPoint 2016 工作界面

1．"文件"选项卡

用于执行 PowerPoint 演示文稿的新建、打开、保存和退出等基本操作。该选项卡集结了 PowerPoint 中常规的设置选项和最常用的命令，如图 3.1.2 所示。

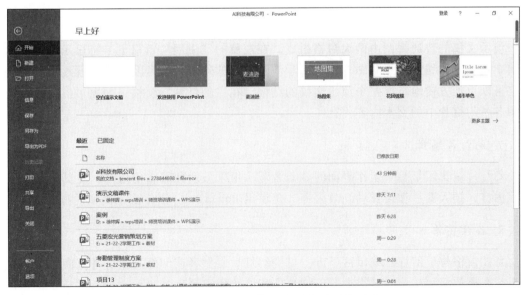

图 3.1.2　单击"文件"选项卡展开的列表

2．快速访问工具栏

快速访问工具栏上提供了最常用的"保存"按钮、"撤销"按钮和"恢复"按钮，单击对应的按钮可执行相应的操作。如需在快速访问工具栏中添加其他按钮，可单击其后的"自定义快速访问工具栏"按钮 ，在弹出的下拉列表中选择所需的选项即可。另外，在下拉列表中选择"在功能区下方显示"选项可改变快速访问工具栏的位置。

3. 标题栏

标题栏位于 PowerPoint 工作界面的顶端，用于显示演示文稿名称和程序名称，最右侧的 3 个按钮分别用于对窗口执行最小化、最大化和关闭操作。

4. 功能选项卡

功能选项卡相当于菜单栏，将 PowerPoint 2016 的所有命令集成在几个功能选项卡中，选择某个功能选项卡可切换到相应的功能区。

5. 功能区

PowerPoint 2016 的功能区是一个动态的带状区域，由多个选项卡组成，每个选项卡下又集成了多个功能组，每个组中又包含多个相关的按钮或选项。整个功能区嵌入在标题栏下固定的位置，如图 3.1.3 所示。

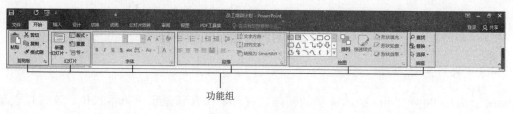

功能组

图 3.1.3 功能区

6. "幻灯片/大纲"窗格

演示文稿的普通视图由两大窗格组成。在左侧的"大纲"窗格下，将显示整个演示文稿中幻灯片的编号及缩略图，用于显示演示文稿的幻灯片数量及位置，通过"大纲"窗格可以更加方便地掌握整个演示文稿的结构；在"幻灯片"窗格下列出了当前演示文稿中各张幻灯片中的文本内容。

7. 幻灯片编辑区

幻灯片编辑区是整个工作界面的核心区域，用于显示和编辑幻灯片，在其中可输入文字内容、插入图片和设置动画效果等，是使用 PowerPoint 制作演示文稿的操作区域。

8. 备注窗格

备注窗格位于幻灯片编辑区下方，可供幻灯片制作者或幻灯片演讲者查阅该幻灯片信息或在播放演示文稿时对需要的幻灯片添加说明和注释。

9. 状态栏

状态栏位于工作界面最下方，用于显示演示文稿中所选的当前幻灯片及幻灯片总张数、幻灯片采用的模板类型、视图切换按钮、页面显示比例及缩放滑块等。

制作幻灯片时，文本的设置是最普遍的。因此，在 PowerPoint 2016 中除了可通过功能区设置文本的格式外，还可使用迷你工具栏来进行快速设置。

在用户选择了文本后，鼠标指针右侧即会自动显示出一个半透明的浮动工具栏。该工具栏被称为迷你工具栏，如图 3.1.4 所示。将鼠标指针移到迷你工具栏上直接选择相应的选项或单击对应的按钮即可快速设置文本格式，设置完成后迷你工具栏将自动消失。

图 3.1.4　迷你工具栏

3.1.3　PowerPoint 2016 的视图模式

PowerPoint 2016 为用户提供了 5 种视图模式。

1. 普通视图

切换到"视图"选项卡，在"演示文稿视图"组中单击"普通"按钮，或者在状态栏上单击"普通视图"按钮，即可切换到普通视图，它是 PowerPoint 2016 的默认视图模式，启动 PowerPoint 2016 后将直接进入该视图模式。在该视图中可以同时显示幻灯片编辑区、"幻灯片/大纲"窗格及备注窗格。它主要用于调整演示文稿的总体结构、编辑单张幻灯片中的内容及在"备注"窗格中添加演讲者备注。图 3.1.5 所示为普通视图模式。

图 3.1.5　普通视图模式

2. 大纲视图

切换到"视图"选项卡，在"演示文稿视图"组中单击"大纲视图"按钮，即可切换到大纲视图模式。在大纲视图下编辑演示文稿，可以调整各幻灯片的前后顺序；在一张幻灯片内可以调整标题的层次级别和前后次序；可以将某幻灯片的文本复制或移动到其他幻灯片中，大纲视图模式如图 3.1.6 所示。

图 3.1.6 大纲视图模式

3. 幻灯片浏览视图

切换到"视图"选项卡，在"演示文稿视图"组中单击"幻灯片浏览"按钮 ，或者在状态栏上单击"幻灯片浏览"按钮，即可切换到幻灯片浏览视图，在该视图模式下可浏览整个演示文稿中各张幻灯片的整体结构和效果，还可以改变幻灯片的版式、设计模式和配色方案等，也可以移动、复制或删除幻灯片等，但不能对单张幻灯片的具体内容进行编辑。幻灯片浏览视图模式如图 3.1.7 所示。

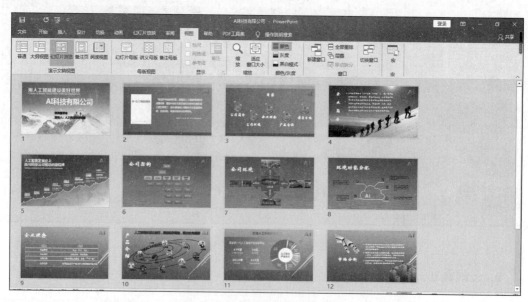

图 3.1.7 幻灯片浏览视图模式

4. 备注页视图

切换到"视图"选项卡，在"演示文稿视图"组中单击"备注页"按钮，即可切换到备注页视图模式。备注页视图主要用于为演示文稿中的幻灯片添加备注内容或对备注内容进行编辑修改，在该视图模式下无法对幻灯片的内容进行编辑。备注页视图模式如图 3.1.8 所示。

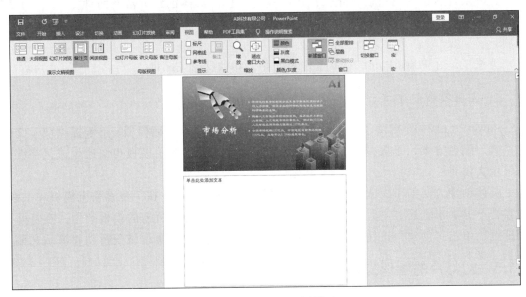

图 3.1.8　备注页视图模式

5. 阅读视图

切换到"视图"选项卡，在"演示文稿视图"组中单击"阅读视图"按钮，或者在状态栏上单击"阅读视图"按钮，即可切换到阅读视图。该视图仅显示标题栏、阅读区和状态栏，主要用于浏览幻灯片的内容。在该模式下，演示文稿中的幻灯片将以窗口大小进行放映。阅读视图模式如图 3.1.9 所示。

图 3.1.9　阅读视图模式

3.1.4　演示文稿的创建操作

1. 新建空白演示文稿

创建空白演示文稿具有很大程度的灵活性，用户可以使用颜色、版式和一些样式特性，充分发挥自己的创造性自定义演示文稿的风格。具体创建方法有两种。

方法一：选择"文件"→"新建"菜单命令，在"新建"栏选择"空白演示文稿"选项。

方法二：在 PowerPoint 2016 工作界面中，按快捷键 Ctrl+N。

2. 应用模板创建演示文稿

PowerPoint 2016 提供了各个行业演示领域中常用演示文稿模板，用于提供演示文稿的格式、配色方案、母版样式及产生特效的字体样式等，应用模板可快速生成风格统一的演示文稿。

具体创建方法如下：选择"文件"→"新建"菜单命令，在"搜索联机模板和主题"搜索框下方单击选择"主题"超链接，在打开的界面中选择所需的模板类型，在打开的对话框中单击"创建"按钮，从互联网上下载该模板，则可通过该模板创建演示文稿。

3.1.5　幻灯片的管理操作

幻灯片常见的管理操作包括选择、插入、复制、移动、删除等。下面介绍普通视图中在幻灯片窗格中对幻灯片进行管理操作的方法。常见的幻灯片管理操作方法见表 3.1.1。

表 3.1.1　常见的幻灯片管理操作

操作类型	操作方法
选择幻灯片	<ul><li>选择一张幻灯片：在"幻灯片"窗格中，单击其缩略图；</li><li>选择一组连续的幻灯片：单击第一张要选择幻灯片的缩略图，按住 Shift 键，并单击最后一张要选择幻灯片的缩略图；</li><li>选择一组不连续的幻灯片：按住 Ctrl 键，然后依次单击所需幻灯片的缩略图；</li><li>选择全部幻灯片：按快捷键 Ctrl+A，即可选中全部幻灯片</li></ul>
插入幻灯片	<ul><li>方法一：在"幻灯片窗格"中，单击某张幻灯片的缩略图，选择"开始"→"幻灯片"组→"新建幻灯片"命令，从下拉列表中选择一种版式，即可插入一张新幻灯片；</li><li>方法二：单击某张幻灯片的缩略图，按 Enter 键即可在当前幻灯片的后面插入一张相同版式的新幻灯片</li></ul>
复制幻灯片	<ul><li>方法一：选定目标幻灯片，按快捷键 Ctrl+C，然后单击预期位置上一张幻灯片的缩略图，按快捷键 Ctrl+V；</li><li>方法二：右击目标幻灯片，在弹出的快捷菜单中选择"复制幻灯片"选项，即可在目标幻灯片后面插入一张与目标幻灯片一样的副本</li></ul>
移动幻灯片	<ul><li>选定目标幻灯片，按住鼠标左键对其进行拖动操作，到达预期位置后松开鼠标按键</li></ul>
删除幻灯片	<ul><li>方法一：选中目标幻灯片，按 Delete 键；</li><li>方法二：在"幻灯片窗格"中，右击目标幻灯片缩略图，在弹出的快捷菜单中选择"删除幻灯片"选项</li></ul>

3.1.6　幻灯片的对象操作

1. 输入文本

在幻灯片的占位符中输入文本是幻灯片中添加文字最直接的方式，用户也可以在幻灯片中使用文本框后输入文本。

（1）在占位符中输入文本。占位符是创建新幻灯片并应用某一种版式后出现的虚线方框，一般包含标题占位符和内容占位符，如图 3.1.10 所示。在幻灯片中单击标题占位符，插入点出现在其中，便可以输入标题的内容。为幻灯片添加副标题，则单击副标题占位符或内容占位符，即可输入相关的内容。

图 3.1.10　幻灯片占位符

（2）使用文本框输入文本。文本框是一种可移动、可调大小的图形容器，用于在占位符之外的其他位置输入文本，选择"插入"→"文本框"菜单命令，在下拉列表中可选择"绘制横排文本框"或"竖排文本框"。单击要添加文本框的位置，即可开始输入文本。在这种方式创建的文本框内输入的文本不会自动换行，若要使用文本自动换行，在选择文本框类型后，将鼠标指针移到要添加文本框的位置按住左键拖动绘制文本框，然后向其中输入文本，则输入的文本会自动换行。

2. 插入图片

图片在幻灯片中可用于背景填充，也可以作为装饰元素。对于插入的图片，可以利用"格式"选项卡上的工具进行适当的修饰，如旋转、调整亮度、设置对比度、改变颜色、应用图片样式等。插入图片的方法有两种。

方法一：在普通视图中，选择"开始"→"图片"菜单命令，在打开的"插入图片"对话框中选定含有图片文件的驱动器和文件夹，然后在文件列表框中选择图片，单击"插入"按钮。

方法二：在含有内容占位符的幻灯片中，单击内容占位符上的"图片"图标，也可以在幻灯片中插入图片。

3. 绘制图形

图形是幻灯片中重要的元素，包括线条、基本形状、箭头、公式形状、流程图、标注、动作按钮等，常用于制作各种图标、示意图。

绘制图形的方法如下：选择"插入"→"插图"→"形状"菜单命令，在下拉列表中选择所需的图形类型，在幻灯片编辑区中拖动鼠标完成绘制，可通过控制点调节形状的大小、旋转角度和边角弧度，如图 3.1.11 所示。

图 3.1.11 形状调节控制点

4. 插入表格

选择"插入"→"表格"→"表格"菜单命令，在下拉列表中选择"插入表格"选项，打开"插入表格"对话框，在对话框的"列数"和"行数"数值框中输入数值，然后单击"确定"按钮，即可将表格插入幻灯片中。

表格创建后，插入点位于表格左键可以进入下一个单元格中。单元格的文本输入完毕后，按 Tab 键可以进入下一个单元格中。

5. 插入音频

PowerPoint 2016 支持 MP3 文件(.mp3)、Winows 音额文件(.wav). Windows Media Audio(.wma)以及其他类型的声音文件。

插入音频的方式如下：选择"插入"→"媒体"→ "音频"菜单命令，在下拉列表中选择"PC 上的音频"选项，在打开的"插入音频文件"对话框中选择所需要的音频，单击"插入"按钮即可完成音频的插入。

6. 插入视频

PowerPoint 2016 支持的视频文件包括 Windows 视频文件(.avi)、影片文件(.mpg 或.mpeg)、Windows Media Video 文件(.wmv)以及其他类型的视频文件。

插入视频的方式如下：选择"插入"→"媒体"→"视频"菜单命令，在下拉列表中选择"PC 上的视频"选项，在打开的"插入视频文件"对话框中选择需要插入的视频文件，单击"插入"按钮即可完成视频的插入。

任务 3.2 | 制作 AI 科技有限公司企业宣传演示文稿

☐ 任务描述

　　了解了 PowerPoint 2016 演示文稿的操作界面、应用场景，并熟悉了相关工具的功能和操作流程后，小徐开始设计和制作 AI 科技有限公司企业宣传演示文稿的基础页面结构。一个 PPT 的页面结构一般包含 5 个部分：封面页、目录页、过渡页、内容页和封底页。封面页主要用于展示 PPT 的主题、演示者等信息；目录页用于展示 PPT 的各章节的标题信息；过渡页用于展示 PPT 的某一章节的标题信息，起到转场作用；内容页主要用于展示每个章节的具体演示内容；封底页用于显示演示文稿的结束信息。

☐ 任务分析

▶ 任务技能目标

　　通过本次任务，掌握以下技能：

　　（1）掌握编辑环境的设置和演示文稿的创建方法；

　　（2）掌握演示文稿页面设置的方法，文字的输入和编辑、文本框的使用方法；

　　（3）掌握幻灯片的添加，版式的应用，背景图片的填充，图片的导入、对齐和分布的操作方法；

　　（4）掌握形状的绘制，形状格式的设置，对象的组合方法；

　　（5）掌握表格的操作，视频的应用技能；

　　（6）掌握艺术字的应用，音频的使用和设置方法。

▶ 核心知识点

　　幻灯片文本的编辑，段落的使用，背景样式的使用；幻灯片的添加，版式的应用，背景图片的填充，图片的导入，对齐和分布的操作

☐ 任务实现

3.2.1　新建演示文稿

　　新建演示文稿的方法已做过介绍，本例列举的方法为新建空白演示文稿，并根据宣传风格定位，通过自定义版式的方式创建模板信息。

　　具体操作方法如下：在计算机桌面（或其他磁盘驱动器的资源管理器）空白处右击，在弹出的快捷菜单中，选择"新建 Microsoft PowerPoint 文档"选项，并将其命名为"公司宣传.pptx"。

3.2.2 页面设置

页面设置中，在"幻灯片大小"命令下可以设置幻灯片的高宽比，也可自定义高度和宽度值；纸张大小为打印纸张的大小，同时还可以设置幻灯片纸张方向为横向或纵向；备注、讲义和大纲可根据需要进行选用。

具体操作方法如下：选择"设计"→"自定义"→"幻灯片大小"菜单命令，在下拉列表中选择"自定义幻灯片大小"选项，打开"幻灯片大小"对话框，将"幻灯片大小"设置为"宽屏"，将"备注、讲义和大纲"设置为"纵向"，其他选项使用默认值，如图 3.2.1 所示。

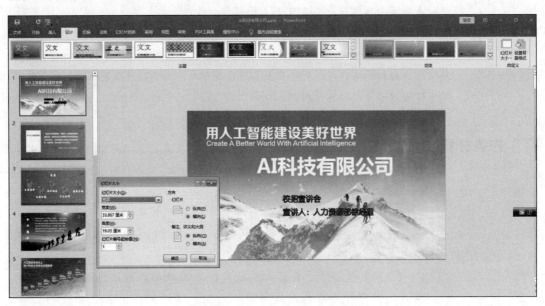

图 3.2.1 演示文稿页面设置

3.2.3 制作封面页

封面页以展示演示文稿的主题信息为核心，其内容决定了整个演示文稿的风格。本例将指定的素材图片设置为幻灯片背景填充效果，在封面页展示主标题、副标题和演示者等文字信息。

具体操作方法如下：

（1）设置幻灯片填充背景。新建"封面页"幻灯片，操作方法是选择"开始"→"幻灯片"→"新建幻灯片"菜单命令，在下拉列表中选择"标题幻灯片"版式；选择"标题幻灯片"，在幻灯片编辑区中右击，在打开的快捷菜单中选择"设置背景格式"选项；在右侧的"设置背景格式"窗口中选择"填充"→"图片或纹理填充"菜单命令，单击"插入"按钮；在打开的"插入图片"对话框中选择"从文件"选项，在打开的"插入图片"对话框中选择素材文件中的"封面背景.png"，单击"插入"按钮，如图 3.2.2 所示。

（2）编辑封面主标题。在标题占位符输入标题内容"AI 科技有限公司"，选择"开始"选项卡，在字体组中设置字体为"微软雅黑"、字号为 72、颜色为"白色"，如图 3.2.3 所示。

（a）设置幻灯片填充背景

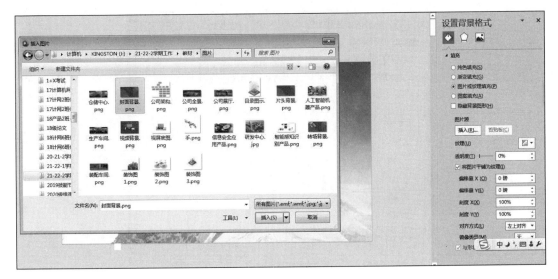

（b）选择目标图片

图 3.2.2　设置幻灯片图片填充背景

　　若演示文稿使用了计算机预设字体以外的字体，需在保存文件时嵌入字体，嵌入字体的步骤是：选择"文件"→"选项"菜单命令，在打开的"PowerPoint 选项"对话框中选择"保存"选项卡，勾选"将字体嵌入文件"选项前的复选框。

　　（3）编辑封面副标题。在副标题占位符中单击，输入文字内容"用人工智能建设美好世界"，选择"开始"选项卡，在字体组中设置英文字体为 Arial Black，字号为 40；中文字体为"微软雅黑"、字号为 32，按照效果图适当移动占位符的位置。

　　单击"开始"→"字体"组右下方的对话框启动器，打开"字体"对话框，在"字体"选项卡中不仅可设置字体格式，在"字符间距"选项卡中还可设置字与字之间的距离，如图 3.2.4 所示。

图 3.2.3 编辑标题文本

图 3.2.4 "字体"对话框

（4）添加文本框。选择"插入"→"文本"→"文本框"菜单命令，在下拉列表中选择"绘制横排文本框"选项，在幻灯片编辑区中按住鼠标左键并拖曳完成绘制。在绘制的文本框中输入演示者信息为"校招宣讲会""宣讲人：人力资源部徐经理"。在"开始"→"字体"组中，设置文本字体为"幼圆"、字号为 28。

3.2.4 制作目录页

目录能清晰展示整个演示文稿的内容脉络，本例采用上下结构的形式布局目录页的标题和内容。

具体操作方法如下：

（1）新建幻灯片。选择"开始"→"幻灯片"→"新建幻灯片"菜单命令，在下拉列表中选择"仅标题"版式，即可应用该版式新建幻灯片，如图 3.2.5 所示。

图 3.2.5　插入幻灯片

（2）编辑目录主标题。选择第 2 张幻灯片，在幻灯片编辑区的标题占位符中单击，输入"目录"文本，设置字体为"等线 Light(标题)"、字号为 54、加粗。

（3）插入图片。选择"插入"→"图片"菜单命令，在打开的"插入图片"对话框中选择素材文件中的图片"目录图示.png"，单击"插入"按钮。

（4）添加文本框。选择"插入"→"文本框"菜单命令，在幻灯片编辑区中绘制横排文本框，绘制的文本框中输入编号文字为"1"，设置文字字体为 Ccentury Gothic，字号为"60 号"，颜色为浅蓝色。

（5）对象组合。选择数字编号文本框，将其移动放置在导入的图片上方，按住 Ctrl 键，同时选择导入的图片。选择"绘图工具"→"格式"→"排列"→"组合"菜单命令，在下拉列表中选择"组合"选项，即可完成两个对象的组合，如图 3.2.6 所示。

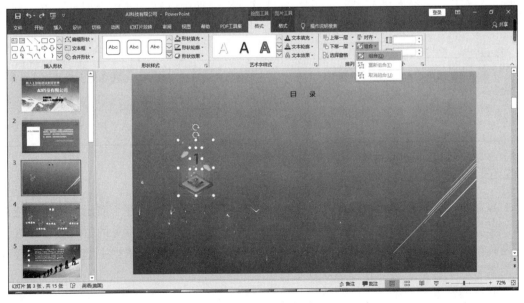

图 3.2.6　对象组合

（6）对象复制。右击组合图片，在弹出的快捷菜单中选择"复制"选项，或按快捷键 Ctrl+C，然后在幻灯片编辑区的空白处右击，在打开的快捷菜单中选择"使用目标主题"选项；应用相同的方法完成 4 个组合图片的副本，并依次更改数字编号为"2、3、4、5"。

（7）对象对齐。依次选中编号为"1"至"5"的组合图形，适当调整其位置；按住 Ctrl 键的同时选择所有组合图形，选择"格式"→"排列"→"对齐"菜单命令，在下拉列表中选择"垂直居中"，用同样的方法选择"横向分布"，即可实现对象整齐划一的对齐效果，如图 3.2.7 所示。

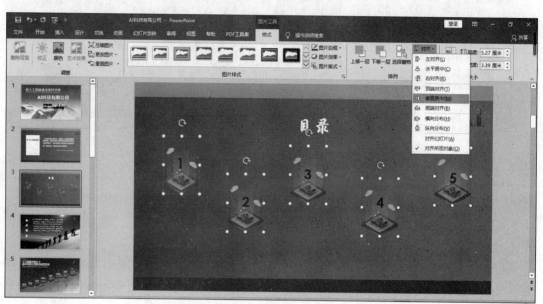

图 3.2.7　对象对齐

（8）编辑目录章节标题。选择"插入"→"文本框"菜单命令，在幻灯片编辑区中绘制横排文本框，在绘制的文本框中输入章节标题文字为"企业介绍"，设置文字字体为"等线（正文）"，字号为"28"，加粗，将其移动至编号为"1"的组合图形下方；同理依次完成其他章节标题文字的创建，并设置对齐效果。

在幻灯片对象布局中，使用排列对齐和等距分布的功能可以高效而精准地实现各对象的对称性布局，但是要注意对齐的是幻灯片还是所选对象。

●对齐幻灯片：以幻灯片为参照物，将所选对象相对于幻灯片对齐或等距分布。

●对齐所选对象：与所在幻灯片相对位置无关，仅仅是将所选对象进行对齐或等距分布。

3.2.5　制作过渡页

过渡页又称转场页，主要用于章节封面。应用过渡页可以使整个演示文稿更具连续性，结构更严谨，也能让观众更清楚地了解演示者的演示进度。常见的过渡页设计方法有两种：一是直接使用目录页并将某一章节标题突出显示，二是依据主题风格重新设计页面效果。本例采用第二种方法设计过渡页。

具体操作方法如下：

（1）新建幻灯片。选择"开始"→"幻灯片"→"新建幻灯片"菜单命令，在下拉列表中选择"仅标题"版式，即可应用该版式新建幻灯片。

（2）设置幻灯片填充背景。使用前述的背景填充方法将素材文件中的图片"转场背景.png"填充为幻灯片背景。

（3）编辑章节标题。在标题占位符中输入文字"企业介绍"，将其移动至合适的位置。

（4）绘制矩形并设置形状的颜色和透明度。在幻灯片编辑区中按住鼠标左键拖动绘制矩形。在绘制的矩形中右击，在快捷菜单中选择"设置形状格式"选项，在右侧打开的"设置形状格式"窗口中，选中"填充与线条"、"填充"和"纯色填充"单选按钮，设置"颜色"为"白色，背景 1"选项，"透明度"的数值为"50%"，即可设置形状为半透明效果，如图 3.2.8 所示。

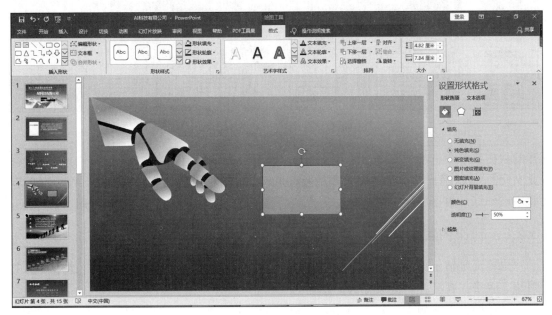

图 3.2.8　设置形状透明度

（5）在图形中插入文字。选中矩形右击，在打开的快捷菜单中选择"编辑文字"选项，输入"01"字样，并设置文字的字体为 Ccentury Gothic，字号为"72"，加粗。

（6）设置图形的填充色和轮廓色。同理绘制"半闭框"形状，选中绘制的半闭框，选择"格式"→"形状样式"→"形状填充"菜单命令，在下拉列表中选择"蓝色，个性色 1，淡色 80%"选项；选择"格式"→"形状样式"→"形状轮廓"菜单命令，在下拉列表中选择"无轮廓"选项。

（7）调整图形的大小和形状。选中绘制的半闭框，在形状四周会显示大小调节控制点和形状调节控制点，使用鼠标拖动上述控制点分别对图形的大小和形状进行适当调节。

（8）调整图形的旋转角度。右击半闭框，在打开的快捷菜单中选择"复制"选项，然后在幻灯片编辑区的空白处右击，在打开的快捷菜单中选择"使用目标主题"选项，完成图形复制；选中复制的图形，选择"格式"→"排列"→"旋转"菜单命令，在下拉列表中选择"向右旋转 90"选项；同理，再次设置"垂直翻转"效果，完成后适当调整 3 个绘制形状的位置并进行图形组合，如图 3.2.9 所示。

（9）复制和移动幻灯片。在幻灯片窗格中右击制作好的第一张过渡页幻灯片，在打

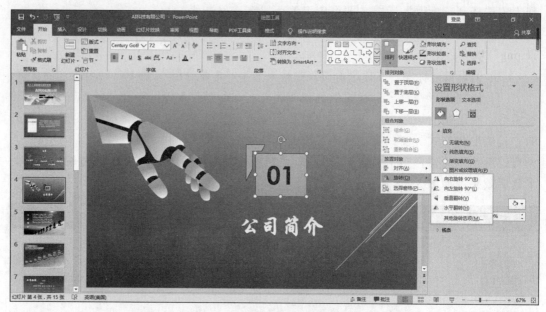

图 3.2.9　设置形状选择角度

开的快捷菜单中选择"复制幻灯片"选项，然后更改编号信息为"02"，文字信息为"企业文化"，依次完成其他章节过渡页的复制和编辑。待后续的内容页完成后，可根据内容顺序在幻灯片窗格中使用鼠标拖动的方式将指定的幻灯片移动至合适的位置。

3.2.6　制作内容页（含表格对象）

内容页是演示文稿的主体，针对每一个章节标题展开内容介绍，可综合使用文字、图片、表格、视频等对象进行页面布局。

具体操作方法如下：

（1）新建幻灯片。选择"开始"→"幻灯片"→"新建幻灯片"菜单命令，在下拉列表中选择"标题和内容"版式，即可应用该版式新建幻灯片。

（2）编辑内容页主标题文字。在主标题占位符中单击，输入文字"企业理念"，文字格式自拟。

（3）绘制表格。在内容占位符中单击"插入表格"按钮，或选择"插入"→"表格"→"表格"菜单命令，在下拉列表中选择"插入表格"选项，在打开的"插入表格"对话框中输入列数、行数为"5"，在单元格中输入文字信息，单击"确定"按钮，完成表格创建。

（4）设置表格边框。在表格中选中要更改效果的单元格区域，选择"表格工具"→"设计"→"绘制边框"→"笔划粗细"菜单命令，设置"笔样式"为单实线、"笔画粗细"为"3.0磅"、"笔颜色"为"白色"，然后选择"表格工具"→"设计"→"表格样式"→"边框"菜单命令，在下拉列表中选择"所有框线"选项。

（5）设置表格底纹。在表格中选中要更改效果的单元格区域，选择"表格工具"→"设计"→"表格样式"→"底纹"菜单命令，在下拉列表中选择具体的颜色选项，如图 3.2.10 所示。

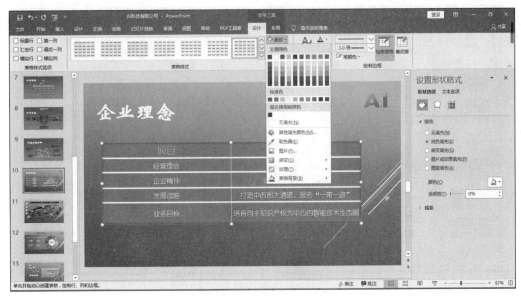

图 3.2.10 设置表格底纹

3.2.7 制作内容页（含视频对象）

（1）插入图片。选择"插入"→"图像"→"图片"菜单命令，在打开的"插入图片"对话框中选择素材文件中的图片"视频底图.png"，单击"插入"按钮。

（2）插入视频文件。选择"插入"→"媒体"→"视频"→ "PC上的视频"菜单命令，在打开的"插入视频文件"对话框中选择要插入的视频素材"企业宣传片.mp4"，单击"插入"按钮。选中视频，用鼠标拖动视频四周显示的控制点，适当调节视频显示区域的大小，如图 3.2.11 所示。

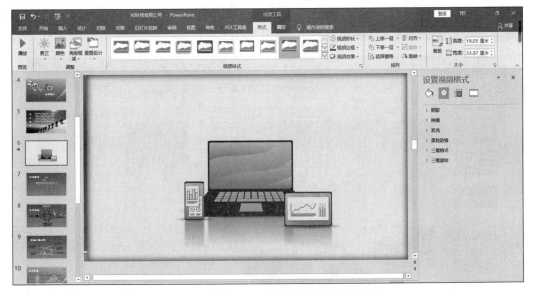

图 3.2.11 插入视频

（3）设置播放属性。选择"视频工具"→"播放"→"视频选项"→"开始"菜单命令，在下拉列表中选择"自动"选项，则可实现该视频的自动播放，如图 3.2.12 所示。

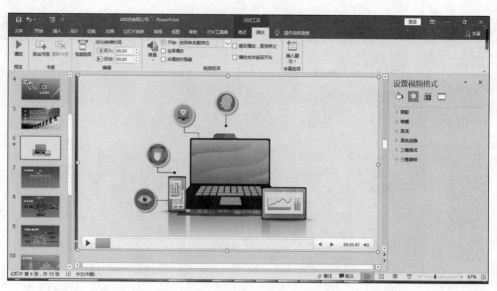

图 3.2.12 设置视频自动播放

3.2.8 制作封底页

封底页即结束页面，一般是对演示文稿的简单总结或是致谢，在制作风格上应保持与 PPT 整体风格相呼应，也可使用与封面页一致的版式和背景，文字设计上应体现简洁、大方，本例介绍应用艺术字制作感谢语。

具体操作方法如下：

（1）插入艺术字。创建"空白"幻灯片，使用封面页背景的设置方法完成背景填充。选择"插入"→"文本"→"艺术字"菜单命令，在下拉列表中选择第 4 行第 4 列的图案填充选项，在幻灯片编辑区里生成一个新的艺术字文本框，在文本框输入文字"THANKS FOR WATCHING"；使用同样的方法应用艺术字样式库中的第 2 行第 4 列的图案填充效果创建艺术字"感谢观看"，如图 3.2.13 所示。

图 3.2.13 插入艺术字

（2）编辑艺术字样式。选中插入的艺术字，选择"绘图工具"→"格式"→"艺术字样式"→"文本效果"菜单命令，在下拉列表中选择"阴影"选项，在打开的级联菜单中选择"外部"组中的"偏移：右下"选项，如图 3.2.14 所示。

图 3.2.14　设置艺术字阴影效果

3.2.9　添加背景音乐

在演示文稿中添加合适的声音，能够吸引观众的注意力，设置自动跨页播放的背景音乐是演示文稿常见的音频应用。

具体操作方法如下：

（1）插入音频文件。在幻灯片窗格中选中封面页幻灯片，选择"插入"→"媒体"组→"音频"→"PC 上的音频"菜单命令，在打开的"插入音额文件"对话框中选择要插入的音频素材"背景音乐.mp3"，单击"插入"按钮，则在幻灯片编辑区生成声音图标。

（2）设置音频属性。

方法一：设置后台自动播放。选中声音图标，选择"音频工具"→"播放"→"音频样式"→"在后台播放"菜单命令，"音频"选项组中的"开始"方式自动更新为"自动"选项，且"跨幻灯片播放""循环播放，直到停止""放映时隐藏"3 个复选框自动更新为勾选状态，如图 3.2.15 所示。

方法二：设置跨指定页播放。若演示文稿中某张幻灯片有视频，则需要设置背景音乐于视频显示页的前一页停止播放。选中声音图标，选择"动画"→"高级动画"→"动画窗格"菜单命令，在右侧显示的"动画窗格"中，单击"动画"列表中音频对象动画右侧的下三角按钮，在下拉列表中选择"效果选项"选项：在打开的"播放音频"对话框中选中"效果"选项卡，选择"停止播放"组中的"在()张幻灯片后"选项，在数值框输入背景音乐停止的页数"8"，单击"确定"按钮，如图 3.2.16 所示。

图 3.2.15 设置音频后台播放

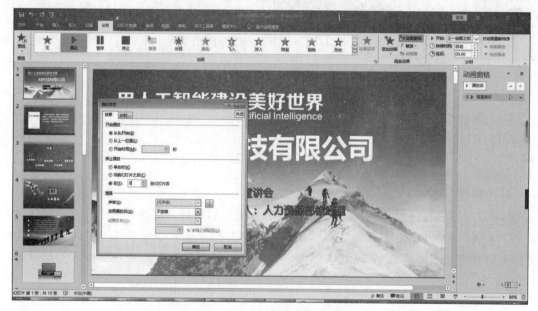

图 3.2.16 设置音频跨页播放

任务 3.3　制作企业宣传演示文稿的动画

任务描述

　　小徐将上一任务中编辑好的 AI 科技有限公司企业宣传演示文稿提交给领导审阅。领导对作品的版式设计和内容布局非常满意，同时提出为该演示文稿制作一个既简单大气，又能体现出智能科技行业特性和公司文化内涵的动画，以便于在汇报现场能有效调动情绪和提升演示效果。让我们一起完成这项任务吧。

任务分析

▶ **任务技能目标**

通过本次任务，掌握以下技能：

（1）了解对象动画的基本类型及应用场景；掌握幻灯片切换的效果、持续时间、使用范围、换片方式、自动换片时间等内容的设置方法；

（2）掌握各类对象的进入、强调、退出、路径等动画效果的设计与制作方法。

▶ **核心知识点**

动画制作，动画设置逻辑

任务实现

3.3.1　设置统一的幻灯片页面切换动画

页面切换动画可以有效解决两页幻灯片之间切换方式过于平淡的问题。本案例列举统一设置所有幻灯片的页面切换动画的应用。

具体操作方法如下：

（1）设置页面切换动画的类型。选择"切换"→"切换到此幻灯片"→"切换效果"菜单命令，单击"其他"按钮，在下拉列表中选择"分割"选项，如图 3.3.1 所示。

图 3.3.1　选择切换动画类型

（2）设置页面切换动画的效果选项。选择"切换"→"切换到此幻灯片"→"效果选项"菜单命令，在下拉列表中选择"中央向上下展开"选项。

（3）设置页面切换动画的换片方式。在"切换"→"计时"组中，勾选"换片方式"栏中"单击鼠标时"复选框和"设置自动换片时间"复选框，并设置时间为 00:15:00。在放映幻灯片时，单击将进行切换操作，同时，在放映幻灯片时，从第一个对象的动画运行开始 15 秒之后，将结束本幻灯片的播放并自动切换到下一张，如图 3.3.2 所示。

图 3.3.2　选择切换效果选项

　　（4）设置切换效果应用于全部幻灯片。选择"切换"→"计时"→"应用到全部"菜单命令，将设置的切换效果应用到当前演示文稿的所有幻灯片中，其效果与选择所有幻灯片再设置切换效果相同，如图 3.3.3 所示。

图 3.3.3　设置页面换片及应用方式

小贴士

　　若勾选"换片方式"栏下"单击鼠标时"复选框，则表示在放映幻灯片时需要单击鼠标进行切换操作；若勾选"换片方式"栏下"设置自动换片时间"复选框，则可对自动换片的时间进行设置。在设置自动换片方式时，自动换片时间包含播放自定义动画的时间，因此需要把"切换"里的自动换片时间设为"动画总时间+停顿时间"。

3.3.2　制作"倒计时"效果动画场景

　　进入动画常用来实现对象先后出现的灵活排版，常用的进入动画效果有出现、淡入、擦除、切入、飞入、缩放等；退出动画是进入动画的逆过程，因此每一种进入动画都有相对应的退出动画效果，一般用来实现对象从有到无的消失效果，常用的退出动画有消失、淡出、飞出、擦除、缩放等。

　　具体操作方法如下：

　　（1）设置数字对象的进入动画和退出动画。

　　① 选择进入动画的样式。参照效果图完成动画片头幻灯片页面的创建，并导入企业 logo、机器人、球体图片。按照 3、2、1、0 的顺序依次插入数字对象图片，选择数字对象"3"，选择"动画"→"动画"→动画样式"菜单命令，在动画样式列表的"进入"栏中选择"随机线条"动画样式，如图 3.3.4 所示。

　　② 设置进入动画的效果选项。选择"动画"→"动画"→"效果选项"菜单命令，在下拉列表中选择"水平"选项。

　　③ 设置进入动画的计时属性。选择"动画"→"计时"→"开始"菜单命令，单击

"其他"按钮，在下拉列表框中选择"上一动画之后"选项，设置"持续时间"为"02.00"，如图 3.3.5 所示。

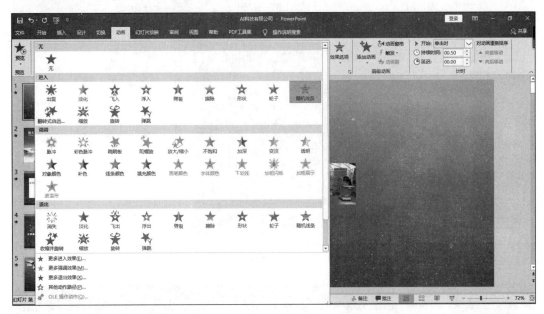

图 3.3.4　"随机线条"动画样式

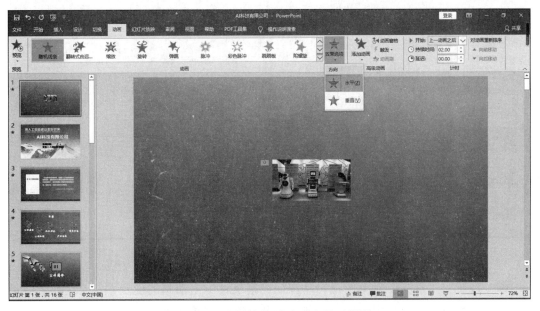

图 3.3.5　动画的效果选项和计时属性

④ 选择退出动画的样式。选择"动画"→"高级动画"→"添加动画"菜单命令，在打开的下拉列表的"退出"栏中选择"消失"动画样式，如图 3.3.6 所示。

⑤ 设置退出动画的计时属性。选择"动画"→"计时"→"开始"菜单命令，单击"其他"按钮，在下拉列表框中选择"上动画之后"选项。

⑥ 应用动画刷。选中数字对象"3"，双击"绘图工具"→"格式"→"高级动画"→"动画刷"菜单命令，然后在其他数字对象上应用"动画刷"，关闭"动画刷"，如图 3.3.7 所示，应用完成后使用"对齐"功能将所有数字对象叠放排列。

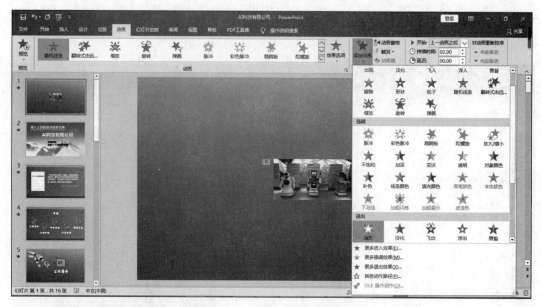

图 3.3.6 设置退出动画效果

图 3.3.7 应用动画刷

（2）设置"机器人"对象的退出动画。应用上述退出动画的设置方法，制作上一动画结束后"机器人"对象消失的动态效果。具体操作方法如下：选择"机器人"对象，选择"动画"→"高级动画"→"添加动画"菜单命令，在打开的下拉列表的"退出"栏中选择"消失"动画样式，选择"动画"→"计时"→"开始"菜单命令，单击"其他"按钮，在下拉列表框中选择"上一动画之后"选项。

3.3.3 制作"手指点触"效果动画场景

1. 设置 logo 对象的路径动画

路径动画能让对象按照直线、曲线、形状、自定义等路径平移，对象在路径动画中

会保持原本的大小、角度等属性。在完成上一动画制作后，下面制作 logo 对象自上而下
垂直移动至幻灯片中间位置的动态效果，具体操作方法如下：

（1）绘制动作路径。选择 logo 对象，选择"动画"→"高级动画"→"添加动画"
菜单命令。在下拉列表"动作路径"栏中选择"直线路径"动画样式，此时幻灯片中将
显示生成的路径，如图 3.3.8 所示。

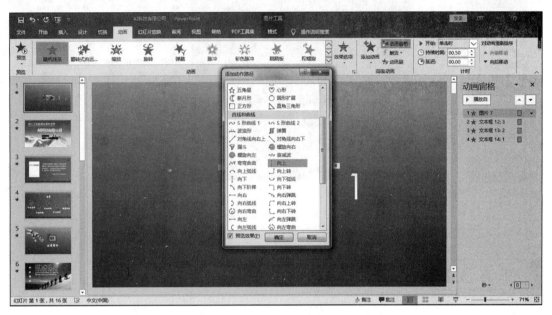

图 3.3.8　绘制动作路径

（2）编辑路径属性。使用鼠标拖动路径的起始点和结束点进行编辑，实现对象移动
路径的调整。

2. 设置 logo 对象的强调动画

对象在强调动画执行前后是一直存在的。强调动画能让对象在原有基础上发生形状、
大小、角度、颜色等属性的变化，一般用来与其他动画进行叠加应用，常用的强调效果
有脉冲、放大/缩小、陀螺旋、透明、闪烁等。

本例将完成 logo 对象旋转进入的动态效果。操作方法如下：

（1）添加强调动画。在使用上述进入动画的操作方法完成 logo 对象"飞入"动画的
设置后，选择 logo 对象，选择"动画"→"高级动画"→"添加动画"菜单命令，在下
拉列表"强调"栏中选择"陀螺旋"动画效果。

（2）设置强调动画的计时属性。选择"动画"→"高级动画"→"动画窗格"菜单
命令，在右侧动画窗格列表中选择 logo 对象强调动画；单击其右侧的下三角按钮，在下
拉列表中选择"计时"选项；在打开的效果对话框中设置"开始"方式为"与上一动画
同时"，"期间"为"非常慢(5 秒)"，"重复"值为"直到幻灯片末尾"，表示该对象将重
复执行该强调效果，如图 3.3.9 所示。

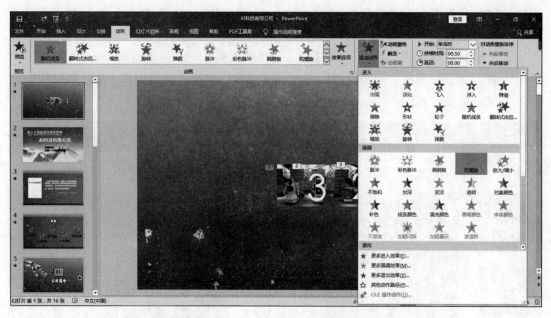

图 3.3.9 选择强调动画类型

任务 3.4 | 编辑企业宣传演示文稿的母版

任务描述

在上一任务的企业宣传演示文稿制作中，小徐完成了页面结构的设计和幻灯片内容的基础编辑，但是他发现原来制作的目录页和内容页幻灯片采用默认的白色的背景填充效果与演示文稿整体风格不够和谐，标题文字的字体、字号、颜色、位置等格式也需要进一步调整，此外，还需要增加公司的视觉识别标志元素。要完成上述修改所涉及的幻灯片页面还真不少，请一起应用"母版"功能帮助小徐高效地完成这个任务吧！

任务分析

▶ 任务技能目标

通过本次任务，掌握以下技能：

（1）了解母版视图的功能及应用；

（2）掌握在母版中插入对象、设置母版格式、编辑页眉和页脚等内容的方法；

（3）掌握讲义母版的设置及使用方法；

（4）掌握备注母版的设置及使用方法。

▶ 核心知识点

母版制作

任务实现

3.4.1　设置母版背景格式

幻灯片母版用于统一设置幻灯片的标题文字、背景、属性等样式，只需在母版上做更改，所有幻灯片版式将相应地完成更改。使用母版创建统一的背景格式是常用的统一幻灯片风格的高效方式。

具体操作方法如下：

（1）切换母版视图。选择"视图"→"母版视图"→"幻灯片母版"菜单命令，则可从普通视图切换至母版视图，如图 3.4.1 所示。

图 3.4.1　切换至母版视图

（2）设置母版背景格式。

① 选择母版版式。在幻灯片母版左侧任务窗格中选中最上方的"office 主题幻灯片母版"。

② 添加渐变光圈。在幻灯片编辑区中右击，在打开的快捷菜单中选择"设置背景格式"选项，在右侧打开的"设置背景格式"任务窗格中选中"填充"，"渐变填充"单选按钮，单击"添加渐变光圈"按钮，依次添加 2 个渐变光圈，如图 3.4.2 所示。

③ 设置渐变颜色。在"设置背景格式"窗口中选中第 1 个渐变光圈，单击"颜色"按钮；在下拉列表中选择"其他颜色"选项，在打开的"颜色"对话框中选择"自定义"选项卡；单击"颜色模式"右侧的下三角形按钮，在下拉列表中选择"RGB"选项，设置 RGB 数值（R:75, G:125,B:145），如图 3.4.3 所示；同理，选中第 2 个渐变光圈，使用同样的方法设置"渐变光圈 2"的数值（R:133, G:137, B:223）。

图 3.4.2 添加渐变光圈

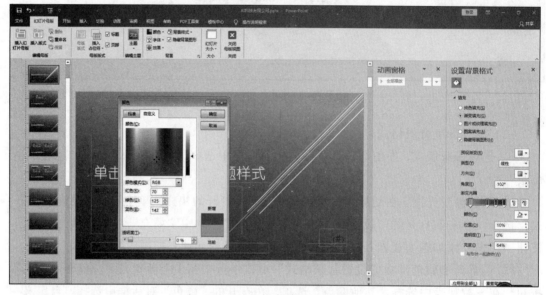

图 3.4.3 设置渐变光圈

④ 设置渐变类型和方向。在"设置背景格式"对话框中单击"类型"下拉列表框右侧的下三角按钮，在下拉列表中选择"线性"选项；单击"方向"下拉列表框右侧的下三角按钮，在下拉列表中选择"线性对角-左上到右下"选项，如图 3.4.4 所示。

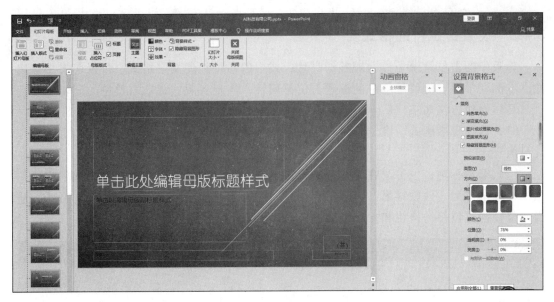

图 3.4.4　设置渐变方向

3.4.2　在母版中插入公司标志

公司标志（logo）是演示文稿中高频出现的元素，通常使用母版完成这类对象的插入。具体操作方法如下：

（1）选择母版版式。在幻灯片母版左侧任务窗格中选中最上方的"office 主题幻灯片母版"。

（2）插入图片。插入素材文件"公司标志.png"，调整图片大小，将图片移动到标题占位符左侧。

（3）设置隐藏背景图形。在幻灯片母版左侧任务窗格中选中"标题幻灯片版式"，按住 Ctrl 键，依次选中"仅标题版式"→"空白版式"，选择"幻灯片母版"→"背景"→"隐藏背景图形"菜单命令，复选框被勾选，如图 3.4.5 所示。

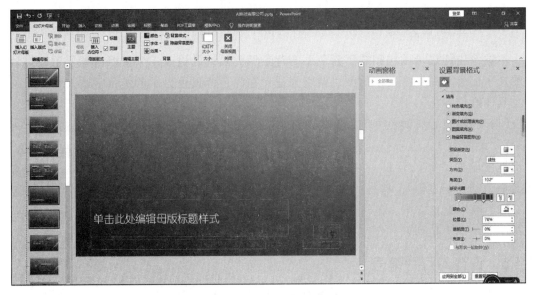

图 3.4.5　设置隐藏背景图形

3.4.3 设置占位符的格式

母版中的占位符统一控制着各幻灯片版式中的占位符的文字格式、位置、大小等属性，本例列举通过更改母版中的标题占位符属性，实现各版式标题占位符的同步更改。具体操作方法如下：

（1）选择母版版式。在幻灯片母版左侧任务窗格中选中最上方的"office 主题幻灯片母版"。

（2）编辑标题占位符。在幻灯片编辑区中选中标题占位符，在"开始"→"字体"组中设置字体为"微软雅黑"、字号为"40"、字型为"加粗"、字体颜色为"白色"。适当调整标题占位符的位置和大小，如图 3.4.6 所示。

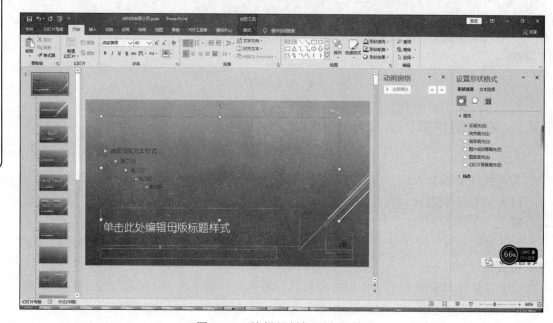

图 3.4.6 编辑母版标题占位符

3.4.4 调整配色方案

本案例中通过母版已完成了深色系的背景填充效果的更改，为了能清晰显示幻灯片中的文字信息，需要将文字的颜色调整为适合在深色背景上显示的浅色字体。

具体操作方法如下：

（1）创建自定义配色方案。在幻灯片母版视图中选择"幻灯片母版"→"背景"→"颜色"菜单命令，在下拉列表中选择"自定义颜色"选项；在打开的"新建主题颜色"对话框中设置"文字/背景—深色 1"的颜色为"白色"；选择"名称"文本框，设置方案名称为"公司宣传"，单击"保存"按钮，完成自定义配色方案的创建。

（2）应用配色方案。在幻灯片母版视图中选择"幻灯片母版"→"背景"→"颜色"菜单命令，在下拉列表"自定义"栏中选择"公司宣传"选项。

3.4.5 设置幻灯片编号

从设计完整性的角度而言，演示文稿的页码设计也是幻灯片制作中需考虑的因素，可通过设置幻灯片母版"幻灯片编号"占位符，插入页眉和页脚等操作，设计演示文稿中各幻灯片编号的显示。

具体操作方法如下：

（1）设置母版"幻灯片编号"占位符。在幻灯片母版视图中选中"幻灯片母版"，选择"幻灯片母版"→"母版版式"菜单命令，在打开的"母版版式"对话框中勾选"幻灯片编号"复选框，即在母版中应用了"幻灯片编号"占位符。将该占位符移动至母版左下角显示，并适当调节占位符的大小和编号的字号大小，如图 3.4.7 所示。

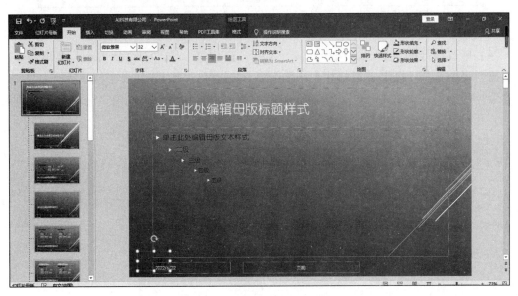

图 3.4.7　设置编号位置和格式

（2）插入页眉和页脚。选择"插入"→"文本"→"页眉和页脚"菜单命令，在打开的"页眉和页脚"对话框中勾选"幻灯片编号"复选框，则该功能将被激活，在"幻灯片编号"占位符的位置根据演示文稿幻灯片的顺序显示编号；勾选"标题幻灯片中不显示"复选框，所有的设置都不在标题幻灯片中生效，封面页则不显示编号；单击"全部应用"按钮，如图 3.4.8 所示。

图 3.4.8　添加幻灯片编号

（3）退出母版视图。选择"幻灯片母版"→"关闭"→"关闭母版视图"菜单命令，退出该视图，此时可发现设置已应用于各张幻灯片，如图 3.4.9 所示。

图 3.4.9 关闭母版视图

（4）更改编号的起始值。选择"设计"→"自定义"→"幻灯片大小"菜单命令，在下拉列表中选择"自定义幻灯片大小"选项，在打开的"幻灯片大小"对话框中将"幻灯片编号起始值"设置为"0"，单击"确定"按钮，则从演示文稿第 2 张幻灯片（即目录页）开始显示编号为"1"，如图 3.4.10 所示。

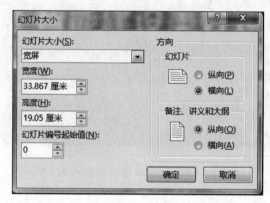

图 3.4.10 设置幻灯片编号起始值

任务 3.5　放映和导出企业宣传演示文稿

⊓ 任务描述

　　小徐接到通知，需要将已完成的企业宣传演示文稿在宣传会上进行汇报，考虑到要会场讲解，小徐决定对演示文档进行进一步处理，设置便于直接跳出转页面的超链接和动作按钮，进行演练，做好演示文稿讲解工作，确保能正常播放。

⊓ 任务分析

▶ 任务技能目标

　　通过本次任务，掌握以下技能：

（1）掌握幻灯片放映的操作方法；

（2）掌握幻灯片创建超链接和动作按钮的操作方法；

（3）掌握打包演示文稿的操作方法；

（4）熟悉排练计时的操作方法；

（5）了解打印演示操作方法。

▶ **核心知识点**

幻灯片放映并设置自动播放效果

任务实现

3.5.1　创建目录页面的超链接

在演示文稿中，超链接经常被用于目录页中，从而方便演讲者在演讲的过程中轻松跳转到相应的幻灯片中。本例为目录页中章节标题创建超链接，并链接到相应内容的幻灯片过渡页。

具体操作方法如下：

打开上一任务中完成的"AI 科技有限公司.ppt"演示文稿，选择第 3 张幻灯片目录页，选择第一章节标题的正文文本"公司简介"，右击，在打开的快捷菜单中选择"超链接"或选择"插入"→"链接"菜单命令，打开"插入超链接"对话框；选择"链接到"栏中的"本文档中的位置"选项，在"请选择文档中的位置"栏下的列表框中选择第 6 张幻灯片"6. 公司简介"，单击"确定"按钮，如图 3.5.1 和图 3.5.2 所示。

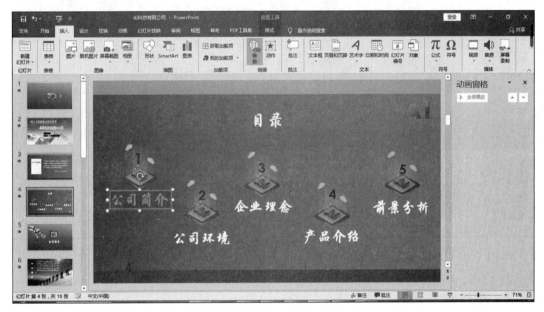

图 3.5.1　选择"链接"命令

返回幻灯片编辑区，可看到设置超链接的文本"公司简介"颜色发生了变化，且文本下方有一条蓝色的横线，放映的时候单击变色的字体就可以跳转到刚才设置的页面。使用相同的方法，分别为其他目录页等章节标题设置超链接，如图 3.5.3 所示。

如不选择"公司简介"文本，而是选择"公司简介"所在的文本框，添加超链接后文本将不发生颜色的变化。

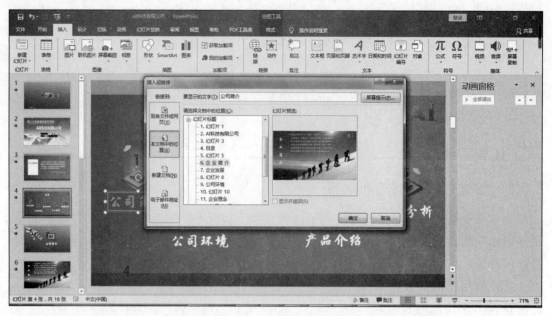

图 3.5.2 超链接的设置

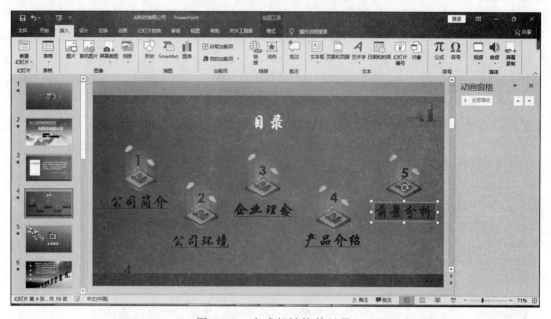

图 3.5.3 完成超链接的目录

3.5.2 添加动作按钮

章节介绍结束后演讲者需要再次返回目录页时，可以在 PowerPoint 2016 的内容母版中创建动作按钮来设置超链接，实现幻灯片的"返回"。

具体操作方法如下：

选择"视图"→"母版视图"→"幻灯片母版"菜单命令，进入幻灯片母版视图，在左侧任务窗格中选择"标题与内容版式"，选择"插入"→"插图"→"形状"菜单命令，在下拉列表中选择"动作按钮"栏中的"动作按钮：转到主页"，如图 3.5.4 所示。

鼠标指针将变为"+"字形状，在幻灯片底部中间的位置按住鼠标左键拖动绘制按

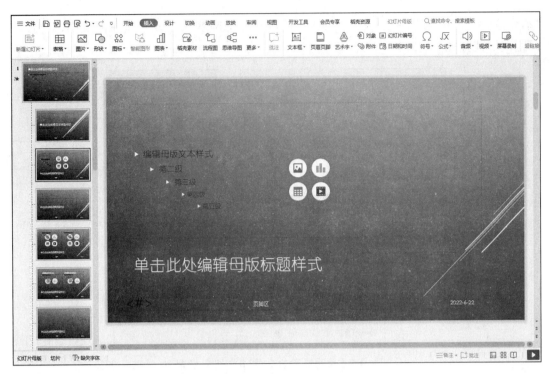

（a）在母版视图中选择"标题与内容版式"

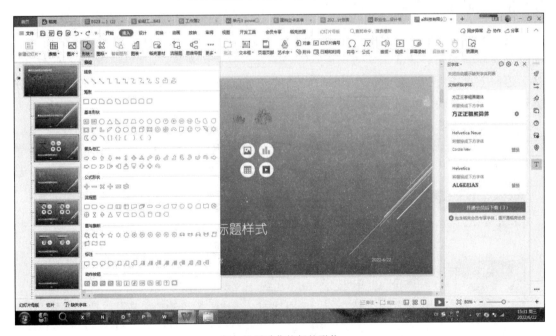

（b）设置动作按钮的形状

图 3.5.4　在母版中创建动作按钮

钮，绘制完成后会自动打开"动作设置"对话框，在"链接到"下拉列表中选择"幻灯片"选项，在打开的"超链接到幻灯片"对话框中选择"2.目录"选项，单击"确定"按钮即可完成动作按钮的添加，如图 3.5.5 所示。

继续使用相同的方法，分别添加两个动作按钮，即"动作按钮：后退或前一项"和

"动作按钮：前进或后一项"，如图 3.5.6 所示。分别调整 3 个动作按钮的大小、位置、间距，使其整齐美观。

图 3.5.5　动作按钮超链接的设置

图 3.5.6　后退和前进的动作按钮设置

3.5.3　放映演示文稿

制作演示文稿的最终目的就是要将演示文稿展示给观众欣赏，即放映演示文稿。下面将放映前面制作好的演示文稿，并使用超链接快速定位到"企业前景"所在的幻灯片，然后返回上次查看的幻灯片，依次查看各幻灯片和对象，在"市场分析"页面对关键数据进行标记，放映结束后退出幻灯片放映视图。

具体操作方法如下：

（1）放映幻灯片。选择"幻灯片放映"→"开始放映幻灯片"→"从头开始"菜单命令，进入幻灯片放映视图。演示文稿将从 1 张幻灯片开始放映，如图 3.5.7 所示，进

图 3.5.7　从头开始放映幻灯片

入幻灯片放映视图，单击依次放映下一个动画或下一张幻灯片。

（2）动作按钮和超链接。在幻灯片放映视图时，可以单击"动作按钮：前进或后一项"播放下一页。当播放到第 3 张幻灯片时，将鼠标光标移动到"前景分析"文本上，此时鼠标光标变为小手形状，单击，如图 3.5.8 所示，页面跳转到"前景分析"对应的过渡页。在"市场分析"幻灯片页面，单击"动作按钮：转到主页"按钮，幻灯片回到目录页，如图 3.5.9 所示。

图 3.5.8 单击"前景分析"超链接

图 3.5.9 使用动作按钮回到目录页

（3）墨迹。单击鼠标播放，在标题为"市场分析"的幻灯片页面右击，在打开的快捷菜单中选择"指针选项"，在级联菜单中选择"墨迹颜色"，设置为"红色"，如图 3.5.10 所示。

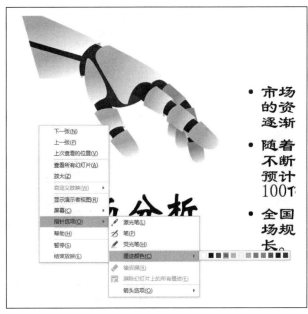

图 3.5.10 选择墨迹颜色

鼠标指针变为一个蓝色的点，将鼠标指针移动到页面左靠下最后一段文字描述，按下鼠标左键并拖动鼠标，在该段文字下方绘制一条蓝色的线作为重点内容标注，如图 3.5.11 所示。

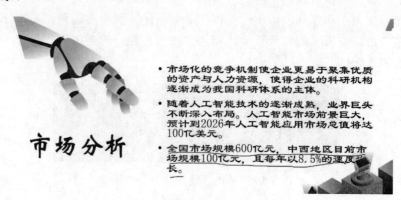

图 3.5.11　为演示文稿设置墨迹标记

（4）放映结束。依次播放幻灯片中的各个对象，直到最后一页。单击，打开一个黑色页面，再次单击退出。

3.5.4　打印演示文稿

演示文稿不仅可以用于现场演示，还可以将其打印在纸张上，作为演讲手稿或者分发给观众作为演讲提示。下面将演示文稿打印出来，要求一张 A4 纸上打印两张幻灯片。

具体操作方法如下：除了与 Word 相同的打印设置外，幻灯片布局比较特殊。在幻灯片的"布局"下拉列表中，选择"讲义"栏的"2 张幻灯片"选项，单击选中"幻灯片加框""根据纸张调整大小"复选项，如图 3.5.12 所示。然后单击"打印"按钮，完成打印。

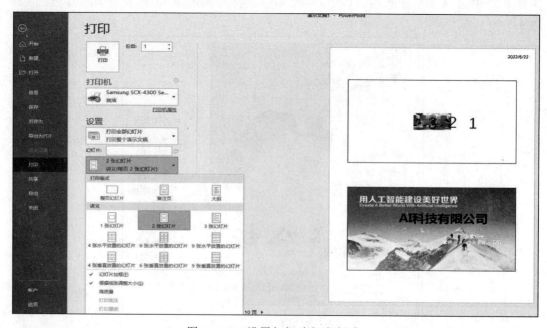

图 3.5.12　设置幻灯片打印版式

单元小结

　　本单元详细介绍了 PowerPoint 2016 的使用方法，包括文稿创建制作、动画设计、母版制作和使用、演示文稿放映和导出基本操作、版面设计、表格的制作和处理、图文混排、模板与样式的使用等内容。

课后习题

一、选择题

1. 在 PowerPoint 中，可对母版进行编辑和修改的状态是（　　　）。
   A. 普通视图状态　　　　　　　　　　B. 备注页视图状态
   C. 幻灯片母版状态　　　　　　　　　D. 幻灯片浏览视图状态

2. 要在选定的幻灯片中输入文字，以下说法中正确的是（　　　）。
   A. 可以直接输入文字
   B. 首先单击文本占位符，然后可输入文字
   C. 首先删除占位符中的系统显示的文字，然后才可输入文字
   D. 首先删除占位符，然后才可输入文字

3. 在幻灯片间切换时，不可以设置幻灯片切换的（　　　）。
   A. 换页方式　　　B. 背景颜色　　　　　C. 效果　　　　　　D. 声音

4. 在 PowerPoint 中，下列选项关于选定幻灯片的说法错误的是（　　　）。
   A. 在浏览视图中单击幻灯片，即可选定
   B. 如果要选定多张不连续幻灯片，在浏览视图下按 Ctrl 键并单击各张幻灯片
   C. 如果要选定多张连续幻灯片，在浏览视图下，按下 Shift 键并单击最后要选定的幻灯片
   D. 在普通视图下，不可以同时选定多张幻灯片

5. 可以方便地设置动画切换、动画效果和排练时间的视图是（　　　）。
   A. 普通视图　　　　　　　　　　　　B. 大纲视图
   C. 幻灯片视图　　　　　　　　　　　D. 幻灯片浏览视图

6. PowerPoint 的"超级链接"命令可（　　　）。
   A. 实现幻灯片之间的跳转　　　　　　B. 实现演示文稿幻灯片的移动
   C. 中断幻灯片的放映　　　　　　　　D. 在演示文稿中插入幻灯片

7. 在 PowerPoint 中，幻灯片放映方式的类型不包括（　　　）。
   A. 演讲者放映（全屏幕）　　　　　　B. 观众自行浏览（窗口）
   C. 在展台浏览（全屏幕）　　　　　　D. 在桌面浏览（窗口）

8. 在 PowerPoint 的下列 4 种视图中，（　　）只包含一个单独工作窗口。

　　A. 普通视图　　　　　　　　　　　　　B. 大纲视图

　　C. 阅读视图　　　　　　　　　　　　　D. 幻灯片浏览视图

9. 对于演示文稿中不准备放映的幻灯片可以用（　　）选项卡中的"隐藏幻灯片"命令隐藏。

　　A. 设计　　　　　B. 幻灯片放映　　　　C. 视图　　　　　D. 编辑

10. 在 PowerPoint 中，下列选项关于幻灯片的移动、复制、删除等操作，叙述错误的是（　　）。

　　　A. 这些操作在"幻灯片浏览"视图中最方便

　　　B. "复制"操作只能在同一演示文稿中进行

　　　C. "剪切"也可以删除幻灯片

　　　D. 选定幻灯片后，按 Delete 键可以删除幻灯片

11. 在 PowerPoint 中，启动幻灯片放映方法中错误的是（　　）。

　　　A. 单击演示文稿窗口左下角的"幻灯片放映"按钮

　　　B. 选择"幻灯片放映"菜单中的"观看放映"命令

　　　C. 选择"幻灯片放映"菜单中的"幻灯片放映"命令

　　　D. 直接按 F6 键，即可放映演示文稿

12. 在 PowerPoint 中，下列说法中错误的是（　　）。

　　　A. 可以动态显示文本和对象

　　　B. 可以更改动画对象的出现顺序

　　　C. 图表中的元素不可以设置动画效果

　　　D. 可以设置幻灯片切换效果

13. 在 PowerPoint 中，幻灯片通过大纲形式创建和组织（　　）。

　　A. 标题和正文　　　　　　　　　　　　B. 标题和图形

　　C. 正文和图片　　　　　　　　　　　　D. 标题、正文和多媒体信息

14. 在 PowerPoint 中，设置幻灯片放映时的切换效果为"百叶窗"，应使用（　　）选项卡下的选项。

　　A. 动作　　　　　B. 切换　　　　　　　C. 动画　　　　　D. 幻灯片放映

15. 对于设置了超链接的对象，下列说法正确的是（　　）。

　　A. 可以编辑，也可以删除　　　　　　　B. 可以编辑，不可以删除

　　C. 不可以编辑，可以删除　　　　　　　D. 不可以编辑，也不可以删除

16. 在 PowerPoint 中，下列说法错误的是（　　）。

　　A. 可以动态显示文本和对象　　　　　　B. 可以更改动画对象的出现顺序

　　C. 图表不可以设置动画效果　　　　　　D. 可以设置幻灯片切换效果

17. PowerPoint 演示文档的扩展名是（　　）。

　　A. .pptx　　　　　B. .pwt　　　　　　　C. .xslx　　　　　D. .docx

18. 下列说法正确的是（　　）。

　　　A. 通过背景样式命令只能为一张幻灯片添加背景

　　　B. 通过背景样式命令只能为所有幻灯片添加背景

　　　C. 通过背景样式命令既可以为一张幻灯片添加背景，也可以为所有幻灯片添加

背景

D. 以上说法都不对

19. 一个演示文稿由多张（　　　）构成。

A. 讲义　　　B. 备注页　　　C. 幻灯片　　　D. 演示文稿

二、填空题

1. 在 PowerPoint 中，"格式"下拉菜单中的_____命令可以用来改变某一幻灯片的布局。

2. 在 PowerPoint 的各种视图中，_____只显示一个轮廓，主要用于演示文稿的材料组织、大纲编辑等，侧重于幻灯片的标题和主要的文本信息。

3. 在 PowerPoint 中，可以使用_____选项卡上的命令来为切换幻灯片时添加声音。

4. 在 PowerPoint 中放映幻灯片的快捷键为_____。

5. 在 PowerPoint 中，如果放映演示文稿时无人看守，放映的类型最好选择_____。

6. 在一张空白版式的幻灯片中不可以直接插入_____。

7. 在_____状态下，可以对所有幻灯片添加编号、日期等信息。

8. 演示文稿改变主题后，_____不会随之改变。

三、操作题

1. 请在 ppt1 中对所给工作表完成以下操作。

（1）在第一张幻灯片中添加文本"舌尖上的中国"，并设置字体字号为黑体、60 磅、红色（可以使用颜色对话框中自定义标签，设置 RGB 颜色模式：红色 255，绿色 0，蓝色 0）。

（2）将整个 PowerPoint 文档应用设计模板"京剧脸谱"。

（3）设置第一张幻灯片的背景纹理为"羊皮纸"。

（4）设置第二张幻灯片的切换效果为"盒状展开""慢速"。

（5）将第三张幻灯片中的图片动画播放效果设置为"垂直百叶窗"，单击时计时延迟 2 秒后播放。

（6）删除第四张幻灯片。

2. 请在 ppt2 中对所给工作表完成以下操作。

（1）将整个 PowerPoint 文档应用设计模板"Capsules"。

（2）给第一张幻灯片添加文本"活命三角区"，并设置字体字号为楷体_GB2312、36 磅。

（3）将第一张幻灯片中的图片设置其进入动画效果为"垂直百叶窗"，单击时计时延迟 2 秒后播放。

（4）设置第一张幻灯片文本框文本行距为：段前 0.15 行，段后 0.2 行；文本字体加粗。

（5）设置第二张幻灯片的版式为"标题，文本与剪贴画"。

（6）设置第二张幻灯片的切换效果为"盒状展开""慢速"。

（7）删除第三张幻灯片。

3. 请在 ppt3 中对所给工作表完成以下操作。

（1）将整个 PowerPoint 文档应用设计模板"吉祥如意"。

（2）设置第一张幻灯片的背景纹理为"鱼类化石"；第二张幻灯片的背景纹理为"画布"。

（3）设置第二张幻灯片文本框的填充效果为：预设"孔雀开屏"。

（4）为第三张幻灯片内的文本框区域添加项目符号（实心方块■）。

（5）在最后一张幻灯片后面插入一张新幻灯片，版式为"空白"。

（6）在新插入的幻灯片内添加文字为"火箭队的冠军梦"，并将其设置为隶书、36磅、加粗；设置该文本框的超链接网址为"www.baidu.com"。

4. 请在 ppt4 中对所给工作表完成以下操作。

（1）设置第一张幻灯片的内容版式为"标题幻灯片"，并设置标题内容为"学习习总书记的重要讲话"，并设置标题文本的字体字号为楷体_GB2312、36磅；设置第一张幻灯片的背景纹理为"白色大理石"。

（2）设置第三张幻灯片文本框格式中的行距为段前 0.25 行，段后 0.1 行。

（3）在第三张幻灯片内的文本框区域添加项目符号（空心方块□）。

（4）设置第四张幻灯片中的进入图片动画效果为"飞入"。

（5）为第四张幻灯片内的图片添加超链接，链接到网址 www.sohu.com。

（6）设置所有幻灯片切换方式为"每隔 5 秒"。

4

单元 信息检索

单元导读 ▮▮▮▮▮▮▮▮▮▮▮▮▮▮▮▮▮▮▮▮▮▮▮▮▮▮▮▮▮▮

在信息技术时代，信息量快速增长，甚至呈现出"信息爆炸"的状态。丰富的信息量一方面给人们带来了便利，另一方面也影响了很多决策的效率。在这种状态下，不管是在校生还是从业者，掌握信息检索的能力都非常重要。

社会进步的过程就是一个知识生产—流通—再生产的过程。信息检索就是通过对所得信息的整理、分析、归纳和总结，根据自己学习、研究过程中的思考和思路，将各种信息进行重组，创造出新的知识和信息，从而达到信息激活和增值的目的。

本单元包括使用搜索引擎检索信息和通过专用平台检索信息两个任务。

▮▮▮▮▮▮▮▮▮▮▮▮▮▮▮▮▮▮▮▮▮▮▮▮▮▮▮▮▮▮

任务 4.1 | 使用搜索引擎检索信息

任务描述

随着信息技术的飞速发展,互联网已成为人们学习、工作和生活中不可缺少的平台。在上网的过程中几乎每个人都会用到搜索引擎。小明是高职院校的大二学生,他想通过搜索引擎了解全国职业院校技能大赛相关的通知、比赛时间、赛项规程及相关文档等。常用的搜索引擎有百度、谷歌、搜狗、必应等。

任务分析

▶ **任务技能目标**

通过本次任务,掌握以下技能:

(1)理解信息检索的基本概念,了解信息检索的基本流程;

(2)掌握常用搜索引擎的使用方法。

▶ **核心知识点**

信息检索的基本概念,搜索引擎的使用方法

任务实现

4.1.1 了解信息检索和搜索引擎

1. 信息检索的基本概念

信息检索(information retrieval)是指将信息按一定的方式组织起来,并根据用户的需要找出有关信息的过程和技术。信息检索有狭义和广义之分。

狭义的信息检索指信息查询,即用户根据需要,采用一定的方法,借助检索工具,从信息集合中找出所需要信息的查找过程。

广义的信息检索又称信息的存储与检索,即将信息按一定的方式进行加工、整理、组织并存储起来,再根据信息用户特定的需要将相关信息准确地查找出来的过程。

一般情况下,信息检索指的是广义的信息检索。

2. 搜索引擎的概念和特点

搜索引擎是指根据一定的策略、运用特定的计算机程序从互联网上采集信息,在对信息进行组织和处理后,为用户提供检索服务,将检索的相关信息展示给用户的系统。搜索引擎依托于多种技术,如网络爬虫技术、检索排序技术、网页处理技术、大数据处理技术、自然语言处理技术等,为信息检索用户提供快速、高相关性的信息服务。

搜索引擎的主要特点有以下 3 个。

1)信息抓取迅速

在大数据时代,网络产生的信息浩如烟海,令人无所适从,难以得到自己需要的信息资源。在搜索引擎技术的帮助下，利用关键词、高级语法等检索方式就可以快速捕捉到相关度极高的匹配信息。

2）深入开展信息挖掘

搜索引擎在捕获用户需求信息的同时，还能对检索的信息加以分析，以引导其对信息的使用与认识。例如，用户可以根据检索到的信息条目判断检索对象的热度，还可以根据检索到的信息分布给出高相关性的同类对象，更可以利用检索到的信息智能化给出用户解决方案等。

3）检索内容的多样化和广泛性

随着搜索引擎技术的日益成熟，当代搜索引擎技术几乎可以支持各种数据类型的检索，例如自然语言、智能语言、机器语言等各种语言。目前，不仅视频、音频、图像可以被检索，而且人类面部特征、指纹、特定动作等也可以被检索到。可以想象，在未来几乎一切数据类型都可能成为搜索引擎的检索对象。

3. 搜索引擎的工作过程

搜索引擎的工作过程可分为 3 个部分：一是通过搜索工具在互联网上爬行和抓取网页信息，并存入原始网页数据库；二是对原始网页数据库中的信息进行提取和组织，并建立索引库；三是根据用户输入的关键词，快速找到相关文档，并对找到的结果进行排序，并将查询结果返回给用户。

4. 搜索引擎的分类

从功能和原理上搜索引擎大致被分为全文搜索引擎、目录搜索引擎、元搜索引擎、垂直搜索引擎和互动式搜索引擎。它们各有特点并适用于不同的搜索环境。

1）全文搜索引擎

国内著名的有百度（Baidu），国外则是谷歌（Google）。它们从互联网提取各个网站的信息(以网页的文字为主)，建立起数据库，并能检索与用户查询条件相匹配的记录，按一定的排列顺序返回结果。

从搜索结果来源的角度，全文搜索引擎又可细分为两种：一种是拥有自己的检索程序（indexer），俗称"蜘蛛"（spider）程序或"机器人"（robot）程序，并自建网页数据库，搜索结果直接从自身的数据库中调用；另一种则是租用其他引擎的数据库，并按自定的格式排列搜索结果，如 Lycos 引擎。

2）目录搜索引擎

目录搜索引擎虽然有搜索引擎功能，但严格意义上不能称为真正的搜索引擎。用户完全不需要依靠关键词查询，只是按照分类目录找到所需要的信息。目录索引中，国内最具代表性的就是新浪、搜狐、网易。

3）元搜索引擎

元搜索引擎接受用户查询请求后，同时在多个搜索引擎上搜索，并将结果返回给用户。著名的元搜索引擎有 360 搜索、infoSpace、Dogpile、VIsisimo 等。在搜索结果排列方面，有的直接按来源排列搜索结果，如 Dogpile，有的则按自定的规则将结果重新排列组合，如 Vivisimo。

4）垂直搜索引擎

垂直搜索引擎适用于有明确搜索意图情况下进行检索。例如，用户购买机票、火车票、汽车票时，或想要浏览网络视频资源时，都可以直接选用行业内专用搜索引擎，以准确、迅速地获得相关信息。

5）互动式搜索引擎

互动式搜索引擎，是指在用户输入一个查询词时，尝试理解用户可能的查询意图，智能展开多组相关的主题，引导用户更加快速准确地定位其所关注的内容。例如，搜狗搜索是搜狐公司强力打造的全球首个第三代互动式搜索引擎。

4.1.2　通过搜索引擎完成信息资源整理

1. 通过百度网站搜索

1）访问百度

通过浏览器输入网址 www.baidu.com 即可打开百度首页。百度首页如图 4.1.1 所示。

图 4.1.1　百度首页

2）输入关键词

输入关键词"全国职业院校技能大赛"，单击"百度一下"按钮，显示对应的搜索结果，如图 4.1.2 所示。

图 4.1.2　搜索结果

2. 查看资源并下载

1）进入官方网站

通过搜索结果，单击链接进入全国职业院校技能大赛的官方网站，如图 4.1.3 所示。

图 4.1.3　大赛官方网站

2）查看下载相关资源

通过通知公告栏可查看大赛相关文件，如图 4.1.4、图 4.1.5 所示。通过图 4.1.5 所示的附件下载链接，可以将附件下载到用户的计算机中，进行保存。

图 4.1.4　比赛时间

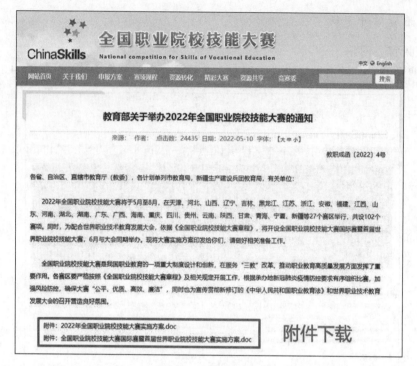

图 4.1.5 通知文件

 实践与体验

（1）根据你准备参加的"全国职业院校技能大赛"的项目，搜集前三届参与院校的获奖团队资料，按照获奖团队、获奖院校、获奖作品、作品特点等内容整理成表格。

（2）朋友要购置一台笔记本电脑，有以下需求：能满足工作、娱乐需求（CPU：i7，16GB 内存，14 英寸独立显卡）；能与华为智能手机多屏协同；价格 7000～8000 元。请你通过搜索引擎查找所需信息，并在"京东商城"检索到合适的产品。

讨论与交流

目前常用的搜索引擎有百度、搜狗、必应、360 等，你习惯使用哪个搜索引擎，你觉得有什么优点？可以通过搜索引擎界面、安全性、功能等方面进行说明。

任务 4.2 通过专用平台检索信息

任务描述

小明是高职院校的大三学生，他在做毕业设计时，想参考了解下他人的研究成果，此时需要利用专业的期刊、论文检索平台查阅已经发表的相关研究。常用的期刊、论文、专利、商标、数字信息资源平台有中国知网、超星电子期刊、万方数据、维普电子期刊等。人工智能的浪潮席卷全球，小明想通过知网搜索到人工智能和机器学习相关知识资源。

任务分析

▶ **任务技能目标**
通过本次任务，掌握以下技能：
（1）掌握检索期刊、论文的方法；
（2）提高学生自学能力和科研能力。

▶ **核心知识点**
专用平台检索信息的方法

任务实现

4.2.1　了解中国知网

中国知网是一家数字出版平台，是提供知识的专业服务网站，可以提供中国学术文献、外文文献、学位论文、报纸、会议、年鉴、工具书等各类资源统一检索、统一导航、在线阅读和下载服务。

中国知网来源于国家知识基础设施（National Knowledge Infrastructure，NKI）的概念，由世界银行于 1998 年提出。中国 CNKI（China National Knowledge Infrastructure，CNKI）采用自主开发并具有国际领先水平的数字图书馆技术，建成了世界上全文信息量规模最大的"CNKI 数字图书馆"，以及《中国知识资源总库》和 CNKI 网格资源共享平台，为全社会知识资源高效共享提供最丰富的知识信息资源和最有效的知识传播与数字化学习平台。

4.2.2　进入中国知网

1．访问知网

在浏览器中输入网址 www.cnki.net 即可打开中国知网首页，如图 4.2.1 所示。

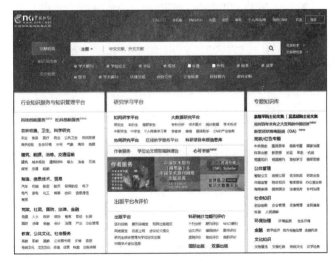

图 4.2.1　中国知网首页

首页上半部分是主要检索区，分为 3 个类别的检索：文献检索、知识元检索、引文检索。

首页下半部分分为 3 个区域：行业知识服务与知识管理平台、研究学习平台、专题知识库。

2. 快速检索

（1）单击搜索框中的下拉菜单，可选择主题、关键字、篇名、作者等检索字段。

（2）在输入框中输入对应的内容检索，如"新冠疫情心理健康"，如图 4.2.2 所示。

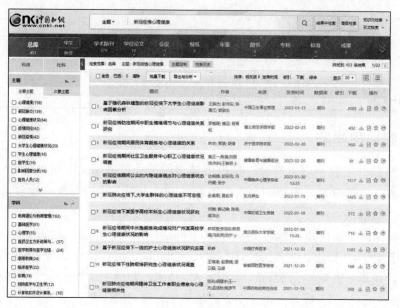

图 4.2.2　检索结果

根据文献分类学术期刊、学位论文、会议、报纸等，可以进行类比浏览。通过排序右侧的相关度、发表时间、被引、下载，可对检索结果进行排序。单击窗口左侧主题、学科、发表年度、作者等选项卡，可以进行分组浏览。

（3）单击某个文献标题，进入文献介绍页面，如图 4.2.3 所示。

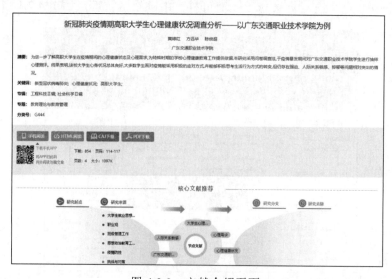

图 4.2.3　文献介绍页面

（4）如果是 CNKI 的注册用户，可以下载和浏览文献全文。系统提供了 CAJ 和 PDF 两种格式。可以单击"HTML 阅读"按钮进行在线阅读，也可以单击"CAJ 下载"或"PDF 下载"按钮进行下载并阅读。

3. 高级检索

高级检索的检索条件包含内容检索条件和检索控制条件。内容检索条件主要是通过主题、作者、作者单位等限制；检索控制条件主要通过发表时间、文献来源等限制，如图 4.2.4 所示。

图 4.2.4　高级检索页面

4. 专业检索

专业检索需要使用检索算符编制检索式，适合于查询、信息分析人员使用，如图 4.2.5 所示。

图 4.2.5　专业检索页面

5. 作者发文检索

通过作者姓名、单位等信息，查找作者发表的文献及被引和下载情况，如图 4.2.6 所示。

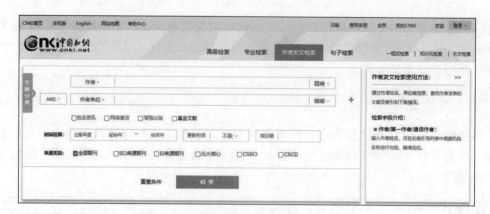

图 4.2.6 作者发文检索页面

6. 句子检索

通过输入的两个检索词，查找同时包含这两个词的句子，找到有关问题答案，如图 4.2.7 所示。

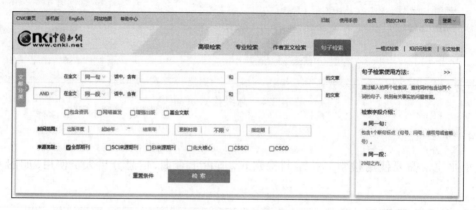

图 4.2.7 句子检索页面

4.2.3 利用中国知网查询资料

针对小明不同的需要，在"中国知网"学术文献专用平台中查找合适的文献。

（1）在"中国知网"首页内，单击搜索栏右侧"高级检索"按钮，如图 4.2.8 所示。

图 4.2.8 "高级检索"功能

（2）将搜索选项改为关键词，选用"逻辑与（AND）"方法，在搜索栏内分别输入"人工智能"和"机器学习"进行查找，在总库中可查看包含"人工智能"和"机器学习"的相关文献内容，如图 4.2.9 所示。

图 4.2.9 "逻辑与"搜索

（3）选用"逻辑或（OR）"，在搜索栏内分别输入"人工智能"和"机器学习"进行查找，在总库中可查看包含"人工智能"或"机器学习"的相关文献内容，如图 4.2.10 所示。

图 4.2.10 "逻辑或"搜索

（4）选用"逻辑非（NOT）"，在搜索栏内分别输入"人工智能"和"机器学习"进行查找，在总库中可查看除了包含"人工智能"外是否含有检索词"机器学习"的信息，和单独输入"人工智能"检索的数目进行比较，如图4.2.11所示。

图4.2.11　"逻辑非"搜索

实践与体验

（1）利用中国知网、万方、维普等不同平台，查询"元宇宙"方面的论文，并比较查询结果的相同点和不同点。

（2）利用中国知网高级搜索，查找"大学生专利"和"实用新型"在"逻辑与""逻辑或""逻辑非"3种方法下的搜索结果，并进行比较。

单元小结

本单元主要学习了信息检索基础知识，通过百度和知网两个网站体验了常用搜索引擎和专用平台的检索方法，初步掌握了信息检索能力。

课后习题

一、填空题

1. 搜索引擎是指根据一定的策略、运用特定的_____从互联网上采集信息，在对信息进行组织和处理后，为用户提供_____，并将相关信息展示给用户的系统。

2. 搜索引擎的主要特点有_____、_____和_____。

3. 搜索引擎的分类有_____、_____、_____、_____和_____。

二、简答题

1. 什么是信息检索？

2. 常用的搜索引擎有哪些？各有什么特色？

3. 常用的信息资源查询平台有哪些？

学习笔记

5 单元

新一代信息技术概述

单元导读 ■■■■■■■■■■■■■■■■■■■■■■■■■■■■■■■■■■

新一代信息技术是以人工智能、量子信息、移动通信、物联网、区块链、大数据等为代表的新兴技术，它既是信息技术的纵向升级，也是信息技术之间及其与相关产业的横向融合。新一代信息技术能够实现各类资源的有效链接，促进各种要素跨界跨类多重整合，进而显著提高资源整合效率、生产效率和交易效率。对于加快构建以国内大循环为主体、国内国际双循环相互促进的新发展格局，新一代信息技术能够发挥产业的引领作用。

本单元包含新一代信息技术的基本概念、技术特点、典型应用、融合发展等内容。

■■■■■■■■■■■■■■■■■■■■■■■■■■■■■■■■■■■■

任务 5.1 了解新一代信息技术

任务描述

本任务主要了解新一代信息技术的基本概念、产生原因和发展历程。

任务分析

▶ **任务技能目标**

通过本次任务，掌握以下技能：

（1）了解新一代信息技术和信息技术的不同之处；

（2）了解新一代信息技术的基本概念；

（3）了解新一代信息技术的主要组成。

▶ **核心知识点**

新一代信息技术的基本概念、主要组成

任务实现

5.1.1 了解信息技术的概念

随着时代的不断发展，特别是互联网的不断普及，人们接收的信息越来越多，需要不断提高信息的处理能力，于是各种处理信息的技术应运而生。

信息技术是用于管理和处理信息所采用的各种技术的总称，以电子计算机和现代通信技术为主要手段，实现信息的获取、加工、传递和利用等功能的技术总和，涵盖信息传播全流程所需技术，即从信息的产生、获取、交换、传输、存储、处理、显示、识别和利用等相关的技术。

信息技术有三大支撑技术，分别是传感技术、通信技术、计算机技术，其中传感技术解决信息的获取问题，通信技术解决信息的传递问题，计算机技术解决信息的存储、加工、处理等问题。如果把信息系统比作人的话，传感技术相当于人的感觉器官，通信技术相当于人的神经传导系统，计算机技术相当于人的大脑。处理过程也很类似，即人通过感觉器官感受外界环境变化，然后通过神经传导系统把感受到的环境变化传递给大脑，大脑对收到的信息进行处理，并做出响应。

5.1.2 了解新一代信息技术的概念和代表

1. 新一代信息技术

2008 年国际金融危机后，以移动互联网、智能终端、大数据和云计算为代表的新兴信息技术快速发展，成为引领信息技术发展的重要方向。

2010 年 10 月，《国务院关于加快培育和发展战略性新兴产业的决定》中列出了七大国家战略性新兴产业体系，其中包括"新一代信息技术产业"。关于发展"新一代信息技术产业"的主要内容是，"加快建设宽带、泛在、融合、安全的信息网络基础设施，推动新一代移动通信、下一代互联网核心设备和智能终端的研发及产业化，加快推进三网融合，促进物联网、云计算的研发和示范应用。着力发展集成电路、新型显示、高端软件、高端服务器等核心基础产业。提升软件服务、网络增值服务等信息服务能力，加快重要基础设施智能化改造。大力发展数字虚拟等技术，促进文化创意产业发展"。

新一代信息技术是战略新兴产业中最具技术变革性的领域之一，不断涌现新的技术、理念、产品，因此，其发展领域、方向也随着技术革新、市场需求、产业发展等不断变化，目前是以人工智能、量子信息、移动通信、物联网、区块链等为代表。

2. 新一代信息技术主要代表

1）人工智能

人工智能（artificial intelligence，AI）是研究、开发用于模拟、延伸和扩展人的智能的理论、方法、技术及应用系统的一门新的技术科学。人工智能是计算机科学的一个分支，它企图了解智能的实质，并生产出一种新的能以人类智能相似的方式做出反应的智能机器。该领域的研究包括机器人、语言识别、图像识别、自然语言处理和专家系统等。

2）量子通信

量子通信是指利用量子纠缠效应进行信息传递的一种新型的通信方式。量子通信是近二十年发展起来的新型交叉学科，是量子论和信息论相结合的新的研究领域。量子通信主要涉及量子密码通信、量子远程传态和量子密集编码等，近年来这门学科已逐步从理论走向实验，并向实用化发展。高效安全的信息传输日益受到人们的关注。基于量子力学的基本原理，并因此成为国际上量子物理和信息科学的研究热点。

> **小贴士**
> 介绍量子通信之墨子号卫星的视频地址：https://www.bilibili.com/video/BV1U64y1Q7hm?spm_id_from=333.337.search-card.all.click

3）移动通信

移动通信是进行无线通信的现代化技术，这种技术是电子计算机与移动互联网发展的重要成果之一。移动通信技术经过第一代、第二代、第三代、第四代技术的发展，目前，已经迈入了第五代发展的时代（5G 移动通信技术），这也是目前改变世界的几种主要技术之一。

5G 移动通信是对 4G 通信技术的升级和延伸。从传输速率上来看，5G 通信技术要快一些，稳定一些，在资源利用方面也会将 4G 通信技术的约束全面打破。同时，5G 通信技术会将更多的高水平技术纳入进来，使人们的工作、生活更加便利。

> **小贴士**
> 介绍 5G 技术原理的视频：https://www.bilibili.com/video/BV1f4411A7Um?spm_id_from=333.337.search-card.all.click

4）物联网

物联网（Internet of things，IoT）即"万物相连的互联网"，是在互联网基础上延伸和扩展的网络，将各种信息传感设备与网络结合起来而形成的一个巨大网络，目的是实现任何时间、任何地点，人、机、物的互联互通。

物联网是在互联网的基础上，利用射频识别、无线数据通信等技术，构造一个覆盖世界上万事万物的网络。在这个网络中，物品（商品）能够彼此进行"交流"，而无需人的干预。其实质是通过信息传感设备，按约定的协议，将物体与网络相连接，通过信息传播媒介进行信息交换和通信，以实现智能化识别、定位、跟踪、监管等功能。例如，我们目前常见的智能家居、智能电表等。

> **小贴士**
> 介绍物联网概念的视频：https://www.bilibili.com/video/BV1Bs411v7DA?spm_id_from=333.337.search-card.all.click

5）区块链

区块链就是把加密数据（区块）按照时间顺序进行叠加（链）生成的永久、不可逆向修改的记录。某种意义上说，区块链技术是互联网时代一种新的"信息传递"技术。

相比于传统的网络，区块链具有两大核心特点：一是数据难以篡改，二是去中心化。基于这两个特点，区块链所记录的信息更加真实可靠，可以帮助解决人们互不信任的问题。

> 💬 **讨论与交流**
>
> 请同学们以小组为单位，查找资料收集我国目前在人工智能、量子通信、移动通信、物联网、区块链等方面的发展水平。

任务 5.2 了解主要新一代信息技术的特点和发展

📋 任务描述

以人工智能、量子通信、移动通信、物联网、区块链等为代表的新一代信息技术迅速发展，给人们的工作、生活带来了极大的便利。了解以人工智能、量子通信、移动通信、物联网、区块链等为代表的新一代信息技术的特点，有助于加深对新一代信息技术的理解，同时了解新一代信息技术的典型应用，有助于把握新一代信息技术的发展趋势。

📋 任务分析

▶ **任务技能目标**

通过本次任务，掌握以下技能：

（1）了解新一代信息技术的特点；

（2）了解新一代信息技术的典型应用；

（3）了解新一代信息技术自身以及与其他产业融合发展的概况。

▶ **核心知识点**

新一代信息技术的技术特点、典型应用、发展概况

📋 任务实现

5.2.1 人工智能技术

首先让我们畅想一下新时代的智能生活场景：周末的早晨，智能窗帘自动打开，外面阳光明媚，呼唤智能音箱播放爱听的音乐，智能运动手表已经根据身体状况安排好今天的运动项目和时间，运动后准备洗漱，热水器根据当天的气温已经设置好了热水的温度，洗漱后设置智能扫地机器人打扫房间，换好衣服，坐上自动驾驶汽车去逛商城，通过刷脸支付完成购物、吃饭，再坐上自动驾驶汽车回到小区，刷脸打开家门，结束一天的生活。多么美好的一天啊！这些智能生活场景，都是通过人工智能技术实现的。

1. 新一代人工智能技术的特点

跟以往相比，新一代人工智能不但以更高水平接近人的智能形态存在，而且以提高人的智力能力为主要目标来融入人们的日常生活。比如跨媒体智能、大数据智能、自主智能系统等。在越来越多的专门领域，人工智能的博弈、识别、控制、预测能力甚至超过人脑，比如人脸识别技术。新一代人工智能技术正在引发链式突破，推动经济社会从数字化、网络化向智能化加速跃进。

新一代人工智能是建立在大数据基础上的，受脑科学启发的类脑智能机理综合起来的理论、技术、方法形成的智能系统。它具有以下 5 个特点：

一是从人工知识表达到大数据驱动的知识学习技术。

二是从分类型处理的多媒体数据转向跨媒体的认知、学习、推理，这里讲的"媒体"不是新闻媒体，而是界面或者环境。

三是从追求智能机器到高水平的人机、脑机相互协同和融合。

四是从聚焦个体智能到基于互联网和大数据的群体智能，它可以把很多人的智能集聚融合起来变成群体智能。

五是从拟人化的机器人转向更加广阔的智能自主系统，比如智能工厂、智能无人机系统等。

2. 人工智能技术的典型应用场景

人工智能已经走进人们的生活，并应用在各个重要领域，给人们的工作、生活带来了巨大的便利，同时也极大地促进了生产力的提升。下面介绍人工智能的一些典型应用场景。

1）无人驾驶

无人驾驶主要依靠车内以计算机系统为主的智能驾驶控制器来实现，其中涉及的技术包含多个方面，例如计算机视觉、自动控制技术等。由于无人驾驶的广阔前景和巨大市场需求，国内外许多公司都投入到了自动驾驶和无人驾驶的研究中，如谷歌的 GoogleX 实验室正在积极研发无人驾驶汽车 Google Driverless Car，百度也已启动了"百度无人驾驶汽车"研发计划，其自主研发的无人驾驶汽车 Apollo 还曾亮相 2018 年央视春晚。

2）人脸识别

人脸识别也称人像识别、面部识别，是基于人的脸部特征信息进行身份识别的一种生物识别技术。人脸识别涉及的技术主要包括计算机视觉、图像处理等。人工智能时代，人脸识别技术已经被广泛地应用于小区、校园、工厂等领域。近年来，随着人脸识别技术的不断成熟，出门仅靠"脸"即可轻松走天下，"刷脸"乘坐地铁、"刷脸"安检登机、"刷脸"支付、"刷脸"考勤打卡、"刷脸"取快递等，人脸识别技术正在使人们的生活更加方便快捷。

3）机器翻译

机器翻译，又称自动翻译，是利用计算机将一种自然语言（源语言）转换为另一种自然语言（目标语言）的过程。它是计算语言学的一个分支，是人工智能的终极目标之一，具有重要的科学研究价值。随着经济全球化进程的加快及互联网的迅速发展，机器翻译技术在促进政治、经济、文化交流等方面的价值凸显，也给人们的生活带来了许多便利。例如我们在阅读英文文献时，可以方便地通过有道翻译、Google 翻译等网站将英文转换为中文，免去了查字典的麻烦，提高了学习和工作的效率。

小贴士

2016 年 3 月，谷歌下属公司 Deepmind 开发的基于"深度学习"的人工智能机器人 AlphaGo 与围棋世界冠军、职业九段棋手李世石进行围棋人机大战，以 4∶1 的总比分获胜；2017 年 5 月，在中国乌镇围棋峰会上，又与排名世界第一的世界围棋冠军柯洁对战，以 3∶0 的总比分获胜。人工智能与人类在棋类游戏方面的较量，掀起了新一代人工智能研究的热潮。

4）智能机器人

智能机器人是人工智能目前应用较为成熟的领域之一，主要有智能音箱、智能家居产品、智能扫地机器人、智能客服机器人等，是语音识别、自然语言处理等人工智能技术的电子产品类应用与载体。智能机器人具备形形色色的内部信息传感器和外部信息传感器，如视觉、听觉、触觉、嗅觉。除具有感受器外，它还有效应器，作为作用于周围环境的手段。另外，智能机器人能够理解人类语言，用人类语言同操作者对话，在它自身的"意识"中单独形成了一种使它得以"生存"的外界环境——实际情况的详尽模式。它能分析出现的情况，能调整自己的动作以达到操作者所提出的全部要求，能拟定所希望的动作，并在信息不充分的情况下和环境迅速变化的条件下完成这些动作。

5）医学图像处理

医学图像处理是目前人工智能在医疗领域的典型应用，它的处理对象是由各种不同成像机理，如在临床医学中广泛使用的核磁共振成像、超声成像等生成的医学影像，人工智能主要利用计算机图像处理技术，可以对医学影像进行图像分割、特征提取、定量分析和对比分析等工作，进而完成病灶识别与标注，针对肿瘤放疗环节的影像的靶区自动勾画，以及手术环节的三维影像重建。该应用可以辅助医生对病变体及其他目标区域进行定性甚至定量分析，从而大大提高医疗诊断的准确性和可靠性。另外，人工智能还可以通过算法的图像映射技术，将采集的少量信号恢复出与全采样图像同样质量的图像，而且使用图像重建技术，可以由低剂量的 CT 和 PET 图像重建得到高剂量质量图像。这样在满足临床诊断需求的同时，还能够降低辐射的风险。

小贴士

人工智能应用介绍视频：

https://www.bilibili.com/video/BV1Pw411Z7JS?spm_id_from=333.337.search-card.all.click;

https://www.bilibili.com/video/BV1Wp411Z7cp?spm_id_from=333.337.search-card.all.click

5.2.2 量子通信技术

"量子"从一个科学概念，近年来逐渐走进了大众的视野，量子技术的发展和应用，受到了广泛的关注。国际上，量子信息领域的角逐十分激烈，而中国在量子技术部分领域的应用也走在了世界的前列。2019 年 1 月 31 日，中国科学技术大学潘建伟教授领衔的"墨子号"量子科学实验卫星科研团队被授予 2018 年度克利夫兰奖（Newcomb Cleveland Prize），这是该奖设立 90 余年来，中国科学家在本土完成的科研成果首次获得这一重要荣誉。但究竟什么是量子？什么是量子通信呢？

1. 量子通信技术的特点

如今，网络信息安全形势日益复杂，量子通信作为从物理机制上实现绝对安全的信息传输的新型通信方式，目前已成为全球信息通信行业的关注焦点。

物理上，量子通信可以被理解为在物理极限下，利用量子效应实现的高性能通信。量子通信具有绝对保密、通信容量大、传输速度快等优点，可以完成经典通信所不能完成的特殊任务。量子通信的基本思想主要包括两部分：一为量子密钥分配，二为量子态隐形传输。量子通信可以用来构建无法破译的密钥系统，因此量子通信成为当今世界关注的科技前沿。目前，我国在量子通信研究领域处于世界领先水平。

与传统通信技术比较，量子通信具有如下主要特点和优势：

（1）时效性高。量子通信的线路时延近乎为零，量子信道的信息效率相对于经典信道量子的信息效率高几十倍，传输速度快。

（2）抗干扰性能强。量子通信中的信息传输不通过传统信道（如传统移动通信为了使得通信不被干扰，需要约定好频率，而量子通信不需要考虑这些因素），与通信双方之间的传播媒介无关，不受空间环境的影响，具有完好的抗干扰性能。

（3）保密性能好。根据量子不可克隆定理，量子信息一经检测就会产生不可还原的改变，如果量子信息在传输中途被窃取，接收者必定能发现。

（4）隐蔽性能好。量子通信没有电磁辐射，第三方无法进行无线监听或探测。

（5）应用广泛。量子通信与传播媒介无关，传输不会被任何障碍阻隔，量子隐形传态通信还能穿越大气层。因此，量子通信应用广泛，既可在太空中通信，又可在海底通信，还可在光纤等介质中通信。

2. 量子通信技术的典型应用场景

量子通信的应用目前仍处在初期，主要的应用主要是基于量子通信安全性强、抗干扰能力强、信道容量大、高效率等特征，应用在以下方面。

1）金融应用行业

银行和金融服务部门在运营中严重依赖信息技术，金融信息系统必须保证金融交易的机密性、完整性、访问控制、鉴别、审计、追踪、可用性、抗抵赖性和可靠性。目前中国量子通信已经可以为银行、证券、期货、基金等金融机构开展数据中心异地灾备、企业网银实时转账等应用。

2）政务系统

政府机关单位对信息的安全性有很高的要求，政务网络中运行的内部办公应用、电子政务、对外便民服务等类型的信息系统安全高效运行至关重要。当前我国多地已建成量子政务网。

3）电力系统

电力系统涉及发、变、输、配、用等多个流程，在安全、稳定、可靠性方面有着很高的要求。电力系统关系国计民生，在中国大力推动智能电网建设和输配电改革的背景下，量子通信对于电力系统安全稳定可靠运行有望发挥一定的作用。

💬 讨论与交流

2020 年 12 月，许多媒体报道了一个量子计算的大成果：中国科学技术大学的潘建伟、陆朝阳等人构建了一台 76 个光子 100 个模式的量子计算机"九章"，它处理"高斯玻色取样"的速度比目前最快的超级计算机"富岳"快一百万亿倍。也就是说，超级计算机需要一亿年完成的任务，"九章"只需一分钟。同时，"九章"也等效地比谷歌 2019 年发布的 53 个超导比特量子计算机原型机"悬铃木"快一百亿倍。

请根据以上报道，尝试揭开"九章"的神秘面纱，并讨论我国在量子通信技术领域取得的成就。

5.2.3　5G 通信技术

华为作为一家通信公司，其主推的 PolarCode(极化码)方案，成为 5G 控制信道 eMBB

场景编码方案，这标志着我国首次在通信的高科技领域取得制定标准的话语权。由于在科技领域，主动权掌握在标准制定者的手里，因此从 2018 年开始，美国政府通过一系列法案，开始了针对华为公司的制裁行动。那么 5G 到底有什么"神通广大"的魔力受到各个国家如此重视呢？

1. 5G 的技术特点

移动通信技术经过逐代技术的发展，目前已经迈入了第五代发展的时代（5G 移动通信技术）。5G 是具有高速率、低时延和大连接特点的新一代宽带移动通信技术，是实现人机物互联的网络基础设施。5G 的技术特点如下。

1）高速度

由于 5G 的基站大幅提高了带宽，因此使得 5G 能够实现更快的传输速率。同时 5G 使用的频率远高于以往的通信技术，能够在相同时间内传送更多的信息。具体可以表现在比 4G 快 10 倍的下载速率，峰值可达 1Gb/s（4G 为 100Mb/s）。

2）低延时

相对于 4G，5G 技术可以将通信延时降低到 1ms 左右，因此许多需要低延迟的行业将会从 5G 技术中获益，如自动驾驶等相关行业，无需使用延时高达 50ms 的 4G 网络，采用 5G 网络后能提高自动驾驶的反应速度。

3）泛在网

5G 能够达到泛在网的概念，有效改善 4G 网络下的盲点，实现全面覆盖。在任何时间、任何地点都能畅通无阻地通信。

4）低功耗

5G 网络采用高通的 eMTC 和华为的 NB-IoT 技术，实现了低功耗的需求，能够降低物联网设备的功耗，使物联网设备能够长时间不换电池，有利于大规模地部署物联网设备。

5）万物互联

与 4G 相比，5G 系统大幅提高了支持百亿甚至千亿数据级的海量传感器接入，能够很好地满足数据传输及业务连接需求，将人、流程、数据和事物结合一起，实现真正意义上的万物互联。

6）重构安全

5G 通信在各种新技术的加持下，有更高的安全性，在未来的无人驾驶、智能健康等领域，能够有效地抵挡黑客的攻击，保障各方面的安全。

2. 5G 的典型应用场景

基于以上特点，5G 目前的应用集中在以下领域：

（1）车联网。随着智能终端及移动互联网的普及，人们对于汽车功能要求不仅仅局限于乘运，而是多了超越传统的娱乐和辅助功能，这成为道路安全和汽车革新的关键推动力，如近几年异军突起的造车新势力。驱动汽车变革的关键技术——自动驾驶、编队行驶、车辆生命周期维护、传感器数据众包等都需要安全、可靠、低延迟和高带宽的连接，这些连接特性在高速公路和密集城市中至关重要，只有 5G 可以同时满足这样严格的要求，因此，车联网是 5G 重要的应用场景之一。

（2）智能制造。创新是制造业的核心，其主要发展方向有精益生产、数字化、工作流程以及生产柔性化。传统模式下，制造商依靠有线技术来连接应用。近些年 WiFi、蓝牙和 Wireless HART 等无线解决方案也已经在制造车间立足，但这些无线解决方案在带宽、可靠性和安全性等方面都存在局限性，而 5G 灵活、可移动、高带宽、低时延和高可靠通信的特点能够很好解决制造业转型智能制造过程中面临的网络问题。

（3）远程医疗。人口老龄化加速在我国已经呈现出明显的趋势，更先进的医疗水平成为老龄化社会的重要保障。利用 5G 低延迟和高质量保障特性可以提供远程医疗服务，如利用 5G+开展远程诊断、远程手术等，实现优质医疗资源的均衡化，有效解决老龄化社会看病难的问题。

> **小贴士**
> 5G 应用场景介绍视频：https://www.bilibili.com/video/BV1bE411Z7uX?spm_id_from=333.337.search-card.all.click

5.2.4　物联网技术

跑步时佩戴智能手表可以记录跑步的数据，通过手机可以控制智能电饭锅、空调、晾衣架，网上购物可以实时进行物流跟踪，智能血压计可以实时远程监控血压状况……这些我们日常生活接触到的智能设备都属于物联网设备的范畴。当然，物联网的应用远不止这些，下面将带领大家一起了解物联网。

1. 物联网技术的特点

物联网是在互联网的基础上，利用智能感知、无线数据通信等技术，构造出一个覆盖世界上万事万物的网络。在这个网络中，物品（商品）能够彼此进行"交流"，而无须人为干预。物联网技术具有三个基本特征。

1）全面感知

全面感知是指利用无线射频识别、传感器、定位器和二维码等手段随时随地对物体进行信息采集和获取。感知包括传感器的信息采集、协同处理、智能组网，甚至信息服务，以达到控制、指挥的目的。

2）可靠传递

可靠传递是指通过各种电信网络和因特网融合，对接收到的感知信息进行实时远程传送，以实现信息的交互和共享，并进行各种有效的处理。在这一过程中，通常需要用到现有的运行网络，包括无线和有线网络，其中 5G 网络是承载物联网的一个有力的支撑。

3）智能处理

智能处理是指利用云计算、模糊识别等各种智能计算技术，对随时接收到的跨地域、跨行业、跨部门的海量数据和信息进行分析处理，提升对物理世界、经济社会各种活动和变化的洞察力，实现智能化的决策和控制。

2. 物联网技术的应用场景

得益于 5G 的商用和智能终端的普及，物联网面临的信息传输、采集等问题得到有效解决，物联网将迎来快速发展时期，具体应用场景如下：

（1）智能家居。智能家居是物联网应用较早也较为成熟的一个领域，物联网应用于智能家居领域，能够对家居类产品的位置、状态、变化进行监测，分析其变化特征，同时根据人的需要，在一定的程度上进行反馈，提高人们的生活能力，使家庭变得更舒适、安全和高效。

（2）智慧物流。智慧物流指的是以物联网、大数据、人工智能等信息技术为支撑，在物流的运输、仓储、运输、配送等各个环节实现系统感知、全面分析及处理等功能。利用物联网的全面感知、智能处理等功能实现对货物的监测以及运输车辆的监测，包括货物车辆位置、状态以及货物温湿度，油耗及车速等，物联网技术的使用能提高运输效率，提升整个物流行业的智能化水平。

（3）智慧医疗。通过传感器对人的生理状态（如心跳频率、体力消耗、血压高低等）进行监测，将获取的数据通过可靠传输并记录到医疗中心的电子健康文件中，通过智能处理机制对收集的健康数据进行智能化处理，以便做出健康指令。

（4）智慧农业。通过智能感知、信息传递、智能处理等技术，实时监控、远程调节农业生产的各个环节，促进了农业生产、经营管理、战略决策的智能化信息化，实现农业生产的高效、集约化、规模化、标准化。

小贴士

物联网技术应用场景视频：https://www.bilibili.com/video/BV1oJ411N7sb?spm_id_from=333.337.search-card.all.click

5.2.5 区块链技术

"比特币""挖矿"，这些词语时常在我们耳边响起，大家知道"比特币"背后的技术原理吗？"比特币"怎么能实现交易呢？"比特币"能不能伪造呢？要回答这些问题，就需要了解比特币的最底层技术——区块链。

1. 区块链技术的特点

区块链记录的信息更加真实可靠，可以帮助解决人们互不信任的问题，是因为区块链具有以下技术特点。

1）分布式数据库

区块链上的每一方都可以访问整个数据库及其完整的历史记录。没有单一方控制数据或信息。每一方都可以直接验证其交易合作伙伴的记录，而无须中间人。

2）去中心化

区块链技术不依赖额外的第三方管理机构或硬件设施，没有中心管制，除了自成一体的区块链本身，通过分布式核算和存储，各个节点实现了信息自我验证、传递和管理。去中心化是区块链最突出最本质的特征。

3）匿名性

除非有法律规范要求，单从技术上来讲，各区块节点的身份信息不需要公开或验证，信息传递可以匿名进行。

4）安全性

区块链采用分散式数据库，利用散列和算法保障数据安全，安全性是在网络中集体创建的，没有任何一方需要负责安全，安全性由参与者共同授予。

2. 区块链技术的应用场景

区块链技术可以在无须第三方背书情况下实现系统中所有数据信息的公开透明、不可篡改、不可伪造、可追溯。区块链作为一种底层协议或技术方案可以有效地解决信任问题，实现价值的自由传递，在数字货币、金融资产的交易结算、数字政务、存证防伪数据服务等领域具有广阔前景。

（1）数字货币。相比实体货币，数字货币具有易携带存储、低流通成本、使用便利、易于防伪和管理、打破地域限制，能更好整合等特点，数字货币已经成为数字经济时代的发展方向。

（2）金融资产交易结算。区块链技术天然具有金融属性，它正对金融业产生颠覆式变革。在支付结算方面，基于区块链分布式账本体系下，市场多个参与者共同维护并实时同步一份"总账"，短短几分钟内就可以完成现在两三天才能完成的支付、清算、结算任务，降低了跨行跨境交易的复杂性和成本。同时，区块链的底层加密技术保证了参与者无法篡改账本，确保交易记录透明安全，监管部门方便地追踪链上交易，快速定位高风险资金流向。

（3）存证防伪。区块链可以通过哈希时间戳证明某个文件或者数字内容在特定时间的存在，加之其公开、不可篡改、可溯源等特性为司法鉴证、身份证明、产权保护、防伪溯源等提供了完美解决方案。在知识产权领域，通过区块链技术的数字签名和链上存证可以对文字、图片、音频、视频等进行确权，通过智能合约创建执行交易，让创作者重掌定价权，实时保全数据形成证据链，同时覆盖确权、交易和维权三大场景。在防伪溯源领域，通过供应链跟踪区块链技术可以被广泛应用于食品医药、农产品、酒类、奢侈品等各领域。

（4）数据服务。区块链技术将大大优化现有的大数据应用，在数据流通和共享上发挥巨大作用。未来互联网、人工智能、物联网都将产生海量数据，现有中心化数据存储（计算模式）将面临巨大挑战，基于区块链技术的边缘存储（计算）有望成为未来解决方案。再者，区块链对数据的不可篡改和可追溯机制保证了数据的真实性和高质量，这成为大数据、深度学习、人工智能等一切数据应用的基础。最后，区块链可以在保护数据隐私的前提下实现多方协作的数据计算，有望解决"数据垄断"和"数据孤岛"问题，实现数据流通价值。

小 贴 士

区块链应用视频：
https://www.bilibili.
com/video/BV1kJ41
1t7BC?spm_id_from
=333.337.search-car
d.all.click

5.2.6　新一代信息技术的融合发展

1. 5G+工业互联网

5G 真正的应用场景，80%应该是用在物与物的通信，如工业互联网、车联网、远程医疗等领域。而对于工业互联网来说数字化、网络化、智能化是工业互联网的三大主要发展趋势，与 5G 融合有助于工业互联网的发展。5G+工业互联网的融合将在以下场景展开。

1）泛在化的感知

面向工厂全覆盖的感知设备采集工厂足够多的数据，特别是工厂实时运行的数据，利用 5G 低时延、高可靠的特性进行数据传输，实现工厂设备的远程控制、协同作业、设备故障诊断。

2）智能控制

未来工业生产需要大量的智能控制，不仅要做指令的传输，还需要做复杂的视觉、触觉的同步信息传输，这些都是未来 5G 应用的典型场景。

3）智能巡检

通过全覆盖的感知系统，采集工厂的现场视频、设备运行数据等信息，利用 5G 网络实时回传至智能巡检系统，智能巡检系统根据回传数据作出判断。

2. 人工智能+汽车制造

人工智能与工业场景融合将释放出巨大潜能，在汽车制造领域更是如此，在现代化的汽车生产车间里,数字化和智能化技术为突破传统制造工艺中的难点打开了全新思路。

以冲压工艺为例,振动直接反映着加工过程中的设备健康状况,是设备安全评估的一项核心指标。然而,振动分析极为复杂,产线上多种设备和众多组件之间的振动相互影响、叠加,形成一场大型"复合"振动,单凭人力难以捕捉复杂的加工过程。当人力不可为时,人工智能介入是必然选择。

解决方法是为冲压车间生产线上的关键设备加装多个传感器,每个传感器每秒可采集 20000 多个数据点。如此庞大的数据量上传至云端,进行基于机器学习技术的云端大数据分析。"聪明"的人工智能系统因此成为专家智慧的延伸,能够实时掌握设备状态,并预测未来一段时间内出现故障的可能性。

> 💬 讨论与交流
>
> 新一代信息技术与其他领域融合发展的应用场景越来越多,请同学们查找资料,收集已经实现的新一代信息技术其他融合发展应用场景,并思考新一代信息技术未来可能的应用场景。

单元小结

本单元通过两个任务介绍新一代信息技术。任务 5.1 主要介绍新一代信息技术的基本概念、产生原因和发展历程;任务 5.2 主要介绍新一代信息技术的技术特点和典型应用,以及新一代信息技术与其他产业融合发展的概况。通过本单元的学习,我们需要了解新一代信息技术的组成及应用场景,了解我国新一代信息技术的发展现状,能够理解发展新一代信息技术对于我国未来发展的重要意义。

课后习题

一、选择题

1. 以下不属于新一代信息技术主要代表的是 (　　)。
   A. 人工智能　　　B. 区块链技术　　C. 量子通信　　　　D. 新能源
2. 与传统通信技术比较,以下不属于量子通信主要特点和优势的是 (　　)。
   A. 时效性高　　　B. 复杂性高　　　C. 抗干扰性能强　　D. 保密性高
3. 新一代信息技术中的移动通信主要是指 (　　)。
   A. 4G　　　　　　B. 5G　　　　　　C. 4.5G　　　　　　D. 3G
4. 以下不属于区块链技术特点的是 (　　)。

A. 分布式数据库   B. 中心化   C. 匿名性   D. 安全性

5. 关于物联网技术特点描述错误的是（   ）。

　　A. 全面感知利用无线射频识别、传感器、定位器和二维码等手段随时随地对物体进行信息采集和获取

　　B. 可靠传递是指通过各种电信网络和因特网融合，对接收到的感知信息进行实时远程传送，实现信息的交互和共享，并进行各种有效的处理

　　C. 智能处理是指利用云计算、模糊识别等各种智能计算技术，对随时接收到的跨地域、跨行业、跨部门的海量数据和信息进行分析处理

　　D. 万物互联是指将不同类型的设备通过物联网连接一起

二、填空题

1. 5G 目前的应用集中在以下领域，即_____、_____和_____。

2. 量子通信具有如下主要特点和优势：_____、_____、_____、_____、_____。

3. 区块链作为一种底层协议或技术方案可以有效地解决信任问题，实现价值的自由传递，在_____、_____、_____、_____等领域具有广阔前景。

4. 量子通信的基本思想主要包括两部分：_____、_____。

5. 人脸识别涉及的技术主要包括_____、_____。

三、简答题

1. 通过本单元所学，列举人工智能未来的应用场景。

2. 列举物联网在你身边的典型应用。

学习笔记

6
单元
信息素养与社会责任

单元导读

信息素养与社会责任是指在信息技术领域，通过对信息行业相关知识的了解，内化形成的职业素养和行为自律能力。信息素养与社会责任对个人在各自行业内的发展起着重要作用。信息化社会鼓励学生使用信息手段主动学习、自主学习，增强运用信息技术分析和解决问题的能力。本单元内容包括信息素养概述、信息技术发展史、信息安全与自主可控、信息伦理与职业行为自律等内容。

任务 6.1　信息素养概述

任务描述

信息素养作为能力素养的重要因素之一，已经成为衡量现代人素质的重要标准。如何有效地获取有价值的信息，正确地利用信息，从而高效地解决问题，成为我们必须具备的一项技能。什么是信息素养？在日常生活和工作中，哪些行为是具备良好信息素养的表现呢？

任务分析

▶ 任务技能目标

通过本次任务，掌握以下技能：

（1）理解信息素养的概念；

（2）了解信息素养的主要要素；

（3）了解大学生信息素养的养成路径。

▶ 核心知识点

信息素养的概念、主要要素

任务实现

6.1.1　信息素养的基本概念

美国原信息技术产业协会主席 Paul Zurkowski 于 1974 年首次提出信息素养的概念，他认为信息素养是：利用大量的信息工具及主要信息资源使问题得到解答的技能。这一概念一经提出，便得到了广泛传播和使用。

教育部于 2021 年 3 月发布的《高等学校数字校园建设规范（试行）》对信息素养做出的定义是："信息素养是个体恰当利用信息技术来获取、整合、管理和评价信息，理解、建构和创造新知识，发现、分析和解决问题的意识、能力、思维及修养。信息素养培育是高等学校培养高素质、创新型人才的重要内容。"

综上所述，信息素养主要涉及内容的鉴别与选取、信息的传播与分析等环节，它是一种了解、搜集、评估和利用信息的知识结构。随着社会的不断进步和信息技术的不断发展，信息素养已经变为一种综合能力，它涉及人文、技术、经济、法律等各方面的内容，与许多学科紧密相关，是一种信息能力的体现。

6.1.2　信息素养的主要要素

信息素养包含技术和人文两个层面的意义，主要由信息意识、信息知识、信息能力、信息伦理与安全四大要素组成。

1. 信息意识

信息意识是指对新信息的敏感程度，对信息价值的判断力、洞察力，是人们从信息角度对自然界和社会的各种现象、行为、理论观点等的理解、感受和评价。通俗地讲，面对未知的事物，能积极主动地去寻找答案，知道到哪里、用什么方法去找答案，就是信息意识。例如，在学习上遇到困难时，有的同学会主动上网查资料、寻求老师或同学的帮助，而有的同学则会听之任之，后者便是缺乏信息意识的表现。

2. 信息知识

信息知识既是信息科学技术的理论基础，又是学习信息技术的基本要求。只有掌握了信息技术知识，才能更好地理解和应用信息技术。它不仅体现了人们所具备的信息知识的丰富程度，还制约着人们对信息知识的进一步掌握。

3. 信息能力

信息能力指人们获取、处理信息的能力，包括信息系统的基本操作能力，信息的采集、传输、加工处理和应用的能力，以及对信息系统和信息进行评价的能力等。信息应用能力是信息素养诸要素的核心。身处信息时代，如果只具有强烈的信息意识和丰富的信息知识，而不具备较高的信息应用能力，还是无法有效地利用各种信息工具去搜集、获取、传递、加工、处理有价值的信息。高校学生要具有一定的信息应用能力，这也是信息时代重要的生存能力。

4. 信息伦理与安全

信息伦理是信息素养的准则，是指人们在从事信息活动时需要遵守的信息道德准则和需要承担的信息社会责任。高尚的信息伦理是正确信息行为的保证，它关系到整个社会信息素养发展的方向。信息伦理与安全素养主要包括：尊重知识，崇尚创新，认同信息劳动的价值；不浏览和传播虚假消息和有害信息；在信息利用及生产过程中，尊重和保护知识产权，遵守学术规范，杜绝学术不端；在信息利用及生产过程中，注意保护个人和他人隐私信息；掌握信息安全技能，防范计算机病毒和黑客等攻击；对重要信息数据进行定期备份。

信息素养的四个要素共同构成一个不可分割的统一整体。信息意识是先导，信息知识是基础，信息能力是核心，信息伦理与安全是保证。

6.1.3 当代大学生良好信息素养的体现方面

信息素养是每位学生基本素养的构成要素，它既是个体查找、检索、分析信息的信息认识能力，也是个体整合、利用、处理、创造信息的信息使用能力。在日常生活和未来的工作中，良好的信息素养主要体现在以下几个方面。

（1）能够熟练使用各种信息工具，尤其是网络传播工具，如网络媒体、聊天软件、电子邮件、微信、博客等。

（2）能根据自己的学习目标有效收集各种学习资料与信息，能熟练运用阅读、访问、讨论、检索等获取信息的方法。

（3）能够对收集到的信息进行归纳、分类、整理、鉴别、遴选等。

（4）能够自觉抵御和消除垃圾信息及有害信息的干扰和侵蚀，保持正确的人生观、价值观，以及自控、自律和自我调节能力。

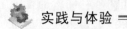 **实践与体验**

学生以小组为单位，通过互联网，了解一些权威的辟谣平台，提高对谣言的判断力和免疫力，缩小谣言的传播范围；分组讨论在新冠肺炎疫情常态化防控背景下，个人怎样识别错误或虚假的疫情言论，营造风清气正的网络舆论环境。

（1）用搜索引擎搜索"辟谣平台"，搜索结果如图 6.1.1 所示。

图 61.1 搜索"辟谣平台"

（2）单击链接"中国互联网联合辟谣平台"，打开由中央网信办主办、新华社承办、各种权威新闻媒体参与的官方辟谣平台，如图 6.1.2 所示。单击各链接可以进一步了解。该平台还有辟谣 App、微信公众号和官方微博，同时也是一个谣言线索征集平台。

图 6.1.2 中国互联网联合辟谣平台

（3）在图 6.1.2 所示页面中有各地区的互联网辟谣平台链接，访问由各地网信办主管的辟谣平台可了解各省市辟谣信息、相关知识和法律法规。

（4）在微信中搜索"辟谣"相关的公众号，关注由政府或事业单位等权威机构的辟谣公众号，也可以了解辟谣信息。

任务 6.2　了解信息技术发展史

任务描述

信息技术是由计算机技术、通信技术、信息处理技术和控制技术等多种技术构成的一项综合的高新技术，它的发展是以电子技术，特别是微电子技术的进步为前提的。回顾整个人类社会发展史，从语言的使用、文字的创造，到造纸术和印刷术的发明与应用，以及电报、电话、广播和电视的发明和普及等，无一不是信息技术的革命性发展成果。但是，真正标志着现代信息技术诞生的事件还是 20 世纪 40 年代以来电子计算机的发明及应用，以及计算机与现代通信技术的有机结合，如计算机网络的形成实现了计算机之间的数据通信、数据共享等。本节将通过信息技术的演变来介绍信息技术对人类社会发展的作用，了解一些著名信息技术企业的兴衰。

任务分析

▶ **任务技能目标**

通过本次任务，掌握以下技能：

（1）了解信息技术的发展历程；

（2）了解信息技术企业的发展与兴衰。

▶ **核心知识点**

信息技术的发展历程

任务实现

6.2.1　信息技术的发展历程

1. 第一次信息技术革命：语言的产生和使用

语言是人类进行思想交流和信息传播不可缺少的工具。可以说，语言的产生揭开了人类文明的序幕。

2. 第二次信息技术革命：文字的创造

大约在公元前 3500 年出现了文字，文字的创造是信息第一次打破时间、空间的限制。

3．第三次信息技术革命：印刷术的发明和使用

北宋时期的毕昇发明了活字印刷术。印刷术的发明和使用使书籍、报纸和杂志成为重要的信息储存和传播的媒介，为知识的积累和传播提供了更为可靠的保证。

4．第四次信息技术革命：电话、电视、广播等信息传递技术的发明

19 世纪中叶以后，随着电磁波的发现，电话、电视、广播等信息传递技术被发明并得到应用，通信领域发生了根本性的变革，使人类进入利用电磁波传播信息的时代，进一步突破了时间与空间的限制。

5．第五次信息技术革命：计算机技术与现代通信技术的普及应用

计算机技术和现代通信技术的普及应用将人类社会推进为数字化的信息时代，信息的处理速度、传递速度得到惊人的提升。

如今，信息技术仍然在飞速发展，以大数据、云计算、区块链、人工智能等技术为代表的颠覆性信息技术日新月异，推动了世界范围内信息传播的技术逐渐统一，形成新一代信息技术发展集群，最终将实现人类社会信息技术的跨越式发展。

6.2.2　我国知名信息技术企业

信息产业已成为我国的支柱产业，其规模已居世界第二位,自 20 世纪 90 年代以来，许多信息技术企业如雨后春笋般不断出现，发展壮大，也有的衰落消失，它们的发展历程从侧面证明了信息技术的发展变化。

1．百度集团

作为我国的主要搜索引擎，百度集团因其强大的互联网技术基础，现已成为国内领先的信息技术领航型企业。其作为全球为数不多的能提供人工智能芯片、软件架构、应用程序等软硬件技术的全球性信息技术企业，百度集团现已成为全球著名人工智能公司之一。

基于企业主营的搜索引擎业务，百度集团在主营业务持续发展的基础上研发并逐步商业化了智能图像识别、自然语言处理、知识图谱、语音识别等人工智能技术。从成果上来看，在过去的十年间，百度集团在自动驾驶、交互式人工智能技术、深度学习技术、神经网络芯片等领域的投资和研发方面取得了许多实质性进展，从而保障其始终保持着全球性的领航型信息技术企业，推动国产新一代信息技术的发展。作为中文信息搜索服务的核心入口，百度集团累计已服务了全球超过十亿个互联网用户，每天应对超过 100 个以上国家和地区的数十亿次搜索需求。

2．华为集团

作为全球 5G 技术的引领者，华为创立于 1987 年，是全球领先的信息与通信（information and communications technology，ICT）基础设施和智能终端提供商。

截止到 2021 年底，华为集团在全球范围内共持有 11 万个以上的有效专利,其中 90% 以上的专利为发明专利。在信息技术研发投入方面，近十年来，华为集团累计投入的研发费用超过了 8450 亿元人民币。华为聚焦信息通信基础设施和智能终端领域，坚持开放式合作与创新，从维护全球标准统一、建设产业生态联盟、拥抱全球化开源、推进关键

技术创新等方面着手，聚合、共建、共享全产业要素，投入巨资开发国产自主的 5G 技术、芯片设计制造技术、操作系统等，打破西方国家的信息垄断，推动中国乃至全球范围内的信息技术产业持续健康发展。

> 💬 **讨论与交流**
>
> 　　信息技术企业要适应不断变化的信息时代，要始终秉承创新的理念，否则即便辉煌一时，也会很快衰落。
>
> 　　1994 年，年仅 25 岁的杨致远和同学大卫·费罗在斯坦福大学读书期间，共同创建了全球第一家提供互联网分类检索服务的网站——雅虎。雅虎开创了内容免费、广告收费的门户这一互联网领域最早成功的新商业模式。雅虎陆续推出著名的 Yahoo 邮件、Yahoo 搜索和 Yahoo 游戏，2000 年雅虎市值一度达到 1280 亿美元，成为世界互联网的传奇。其后雅虎公司故步自封，做出一系列错误决策，2016 年，美国电信巨头 Verizon（威瑞森）公司仅用 48 亿美元就收购了雅虎的核心业务，2021 年 11 月，雅虎中国正式关闭。
>
> 　　学生通过互联网搜索雅虎公司的发展壮大历程、衰落的原因，以及国内外知名信息技术公司的发展、消亡历史，讨论信息技术公司怎样才能适应时代的变化，立于不败之地。

任务 6.3 信息安全与自主可控

📋 任务描述

　　如果某天你突然发现计算机里的数据被删得支离破碎，打开手机信号却总是无法接通，ATM 机上显示银联卡中的存款已经被一扫而空，你会有何感想？你知道这意味着什么吗？中国互联网络信息中心 2022 年发布的第 49 次《中国互联网络发展状况统计报告》显示，38% 的被调查网民遭遇过个人信息泄露、计算机病毒等信息安全事件。信息安全不仅意味着个人的隐私安全，更意味着经济、社会、国防等国家层面的安全。

📋 任务分析

　　▶ **任务技能目标**
　　通过本次任务，掌握以下技能：
　　（1）信息安全的概念和目标；
　　（2）信息安全威胁的种类；
　　（3）自主可控对于我国信息安全建设的重要性。

　　▶ **核心知识点**
　　信息安全威胁的种类

☐ **任务实现**

6.3.1 信息安全的概念

信息作为一种资源，它的普遍性、共享性、增值性、可处理性和多效性，使其对于人类具有特别重要的意义。信息的泛在化虽然给人们带来了便利，但也具有其破坏性的一面。保障信息安全，是不可忽视的重要问题。

信息安全是指信息系统（包括硬件、软件、数据、人、物理环境及其基础设施）受到保护，不因偶然的或者恶意的原因而遭到破坏、更改、泄露，系统连续、可靠、正常地运行。信息安全的实质是要保护信息系统或信息网络中的信息资源免受各种类型的威胁、干扰和破坏，即保证信息的安全性。

6.3.2 信息安全的目标

信息安全的目标是保护和维持信息的三大基本安全属性，即保密性（confidentiality）、完整性（integrity）、可用性（availability），这三者也常合称为信息的 CIA 属性。

（1）保密性是指使信息不泄露给未授权的个人、实体、进程，或不被其利用。

（2）完整性是指信息没有遭受未授权的更改或破坏。

（3）可用性是指已授权实体一旦需要即可访问和使用信息。

信息安全的目标还包括保护和维持信息的真实性、可核查性、不可否认性和可靠性等。

（1）真实性是指确保信息内容与所声称的保持一致。

（2）可核查性是指可根据信息的某些属性确定其真实性。

（3）不可否认性是指信息交换的双方不能否认其在交换过程中发送或接收信息的行为及信息的内容。

（4）可靠性是指信息的预期与结果保持一致。

6.3.3 信息安全面临的威胁

随着信息技术的飞速发展，信息技术为我们带来更多便利的同时，也使得我们的信息系统变得更加脆弱。随着技术的发展，各种信息安全信息威胁层出不穷，目前主要面临以下几点威胁。

1. 黑客恶意攻击

黑客是专门攻击网络和个人计算机的个人或组织，精通各种编程语言和操作系统。就目前信息技术的发展趋势来看，黑客多采用病毒或网络远程攻击对个人信息设备进行破坏。攻击方式多种多样，对没有网络安全防护设备（防火）的站和系统具有强大的破坏力，这给信息安全防护带来了严峻的挑战。2017 年，不法分子通过"永恒之蓝"网络攻击程序制作了 WannaCry（勒索病毒）；同年 5 月 12 日开始，WannaCry 在全球范围大爆发，感染了大量的计算机。该病毒感染计算机后会向计算机文件中植入病毒，导致大量文件被加密。黑客会要求受害者支付高额比特币才可解锁文件，其结果致使多个国家的重要信息基础设施遭受前所未有的破坏，该病毒也由此受到空前的关注。

2. 网络自身及其管理有所欠缺

互联网的共享性和开放性使网上信息安全管理存在不足，在安全防范、服务质量、带宽和方便性等方面存在滞后性与不适应性。许多企业、机构及用户对其网站或信息系统疏于管理，没有制定严格的管理制度。实际上，网络系统的严格管理是企业、组织及相关部门和用户信息免受攻击的重要措施。

3. 因软件设计的漏洞或人为设计的"后门程序"而产生的安全问题

随着软件系统规模的不断增大，新的软件产品被开发出来，其系统中的安全漏洞或"后门程序"也不可避免地存在。无论是操作系统，还是各种应用软件，大多都被发现过存在安全隐患。不法分子或组织往往会利用这些漏洞，将病毒、木马等恶意程序传输到网络和用户的计算机中，或者秘密窃取用户数据。2021 年 7 月，我国外交部强烈谴责了美国国家安全部门命令微软公司使用 Windows 系统后门程序窃取全球大量用户信息数据的行径。

4. 非法网站设置的陷阱

互联网中有些非法网站会故意设置一些盗取他人信息的软件，并且可能隐藏在下载的信息中，只要用户登录或下载网站资源，其计算机就会被控制或感染病毒，严重时会使计算机中的所有信息被盗取。这类网站往往会伪装成人们感兴趣的内容，让用户主动进入网站查询信息或下载资料，从而成功将病毒、木马等恶意程序传输到用户的计算机上，以完成各种别有用心的操作。

5. 用户不良行为引起的安全问题

用户误操作导致信息丢失、损坏，没有备份重要信息，在网上滥用各种非法资源等，都可能对信息安全造成威胁。我们应该严格遵守操作规定和法律制度，避免信息安全带来各种隐患。

6.3.4 自主可控

国家安全对于任何国家而言都是至关重要的，处于信息时代，信息安全是不容忽视的安全内容之一。中国作为一个崛起中的大国，网络安全对国家安全至关重要。近年来，我国不断完善相关政策，目的就是要坚定不移地按照"国家主导、体系筹划、自主可控、跨越发展"的方针，解决在信息技术软件和硬件上受制于人的问题。

自主可控是保障网络安全、信息安全的前提。能自主可控意味着信息安全容易治理、产品和服务一般不存在恶意后门并可以不断改进或修补漏洞。反之，不能自主可控就意味着具有"他控性"，就会受制于人，其后果是：信息安全难以治理、产品存在恶意后门并难以对漏洞进行修补，威胁国家的信息安全。

自主可控是我们国家信息化建设的关键环节，是保护信息安全的重要目标之一，在信息安全方面意义重大。随着我国自主可控技术不断提升和产业链上下游逐渐打通，自主可控设备新品层出不穷，其应用领域也在全面铺开。自主可控筑起信息技术新的长城，同时也创造出新的产业发展空间。

> 💬 **讨论与交流**
>
> 　　中国工程院院士倪光南说："如果无法实现关键技术的自主可控,那么就会受制于人,对我国的供应链造成重大影响。"操作系统国产化是软件国产化的重要保障,是我国实现软件自主可控必须要攻克的阵地。目前国内企业开发了多种操作系统,典型代表有统信操作系统(统信 UOS)、银河麒麟操作系统(Kylinos)、深度 Linux(deepin)、华为鸿蒙(Harmony OS)等。学生以小组为单位,检索国内外信息安全案例,讨论操作系统等软件国产化对于保护我国信息安全的必要性。

任务 6.4　信息伦理与职业行为自律

📋 任务描述

　　2019 年 7 月 12 日,《人民日报》用整版探讨了"信息化带来伦理挑战"这一问题。文中指出:"从伦理学角度看,当大数据和人工智能的发展改变甚至颠覆人类活动的主体地位时,传统伦理就会发生解构,人具有排他性主体地位的伦理时代就可能结束。"这句话既揭示了传统伦理在信息时代受到的挑战,同时也展现出信息时代必然发生的伦理变革。那么,信息时代的伦理是什么呢?你在网络或现实生活中是否遇到过信息伦理风险事件,你是如何看待的?

📋 任务分析

▶ **任务技能目标**
通过本次任务,掌握以下技能:
(1)掌握信息伦理的内涵;
(2)了解相关法律法规与职业行为自律的要求。

▶ **核心知识点**
信息伦理的内涵

📋 任务实现

6.4.1　信息伦理概述

　　我们在参与信息活动时,也需要遵守一系列可行、合理且受到广大网民普遍认可的要求、准则和规约,即信息伦理(information ethics)。与社会伦理类似,信息伦理不由法律强行执行和维护,而是以信息活动中的善恶为标准,依靠网民内心的社会道德准则、彼此之间的督促和网络平台的监督维系。

　　信息伦理是信息活动中的规范和准则,主要涉及信息隐私权、信息准确性权利、信息产权、信息资源存取权等方面的问题。

（1）信息隐私权即依法享有的自主决定的权利及不被干扰的权利。

（2）信息准确性权利即享有拥有准确信息的权利，要求信息提供者提供准确信息的权利。

（3）信息产权即信息生产者享有自己所生产和开发的信息产品的所有权。

（4）信息资源存取权即享有获取所应该获取的信息的权利，包括对信息技术、信息设备及信息本身的获取。

6.4.2　我国信息伦理相关法律法规

在信息领域，仅仅依靠信息伦理并不能完全解决问题，它还需要强有力的法律作支撑。因此，与信息伦理相关的法律法规显得十分重要。有关的法律法规与国家强制力的威慑，不仅可以有效打击在信息领域造成严重后果的行为者，还可以为信息伦理的顺利实施构建较好的外部环境。随着计算机技术和互联网技术的发展与普及，我国为了更好地保护信息安全，培养公众正确的信息伦理道德，陆续制定了一系列法律法规，用于制约和规范对信息的使用行为和阻止有损信息安全的事件发生。在法律层面上，我国于1997 年修订的《中华人民共和国刑法》中首次界定了计算机犯罪，如第二百八十五条的非法侵入计算机信息系统罪、第二百八十六条的破坏计算机信息系统罪、第二百八十七条的拒不履行信息网络安全管理义务罪等。

在政策法规层面上，我国自 1994 年起陆续颁布了一系列法规文件，如《中华人民共和国计算机信息系统安全保护条例》《中华人民共和国计算机信息网络国际联网管理暂行规定》《中华人民共和国网络安全法》《中华人民共和国数据安全法》等，这些法规都明确规定了信息的使用方法，使信息安全得到了有效保障，也能在公众当中形成良好的信息伦理。

6.4.3　职业行为自律

在信息社会中，无论从事何种职业，都应当自觉遵守信息伦理。尤其是作为即将步入社会的高校学生，更应当从各个方面了解职业发展的行为规范。

（1）坚守健康的生活情趣。我们应当坚守健康的生活情趣，静心抵制诱惑，保持积极向上的人生态度，严防侥幸和不劳而获的心理。

（2）培养良好的职业态度。职业态度是指个人对所从事职业的看法及在行为举止方面的倾向，积极的职业态度可促使人自觉学习职业知识，钻研职业技术和技能，并对本职工作表现出极高的认同感。

（3）秉承端正的职业操守。我们应当秉承端正的职业操守，遵守行业规章制度，坚持严于律己，不做损人利己的事，对工作单位的公私事务和信息数据守口如瓶。

（4）尊重他人的知识产权。知识产权是指智力劳动产生的成果所有权，它是依照各国法律赋予符合条件的著作者及发明者或成果拥有者在一定期限内享有的独占权利。个人要抵制通过非法渠道获取、使用受知识产权保护的数据及软件等，尊重他人劳动成果。

（5）避免产生个人不良记录。为规范行业行为，营造良好的行业环境，各行各业都在积极建立行业"黑名单"。"黑名单"用于记录企业或个人的不良行为。个人要严守信用底线，避免因经济问题等产生不良信用记录。

实践与体验

当前，以大数据、人工智能为代表的新一代信息技术蓬勃发展，深刻改变着人类的生存和交往方式，但同时也可能带来伦理风险。互联网上经常会报道引发全社会关注的信息伦理事件。例如，各大电商网站基于大数据分析的智能推荐算法技术带来了隐私方面的问题，如为了精确分析用户偏好，相关算法需要对用户的历史行为、个人特征等数据进行深入细致的挖掘，这可能导致系统过度收集用户的个人数据，侵犯个人隐私权；由于人工智能的高速发展，出现了无人工厂、无人配送等新业态，一些工作岗位，特别是客服类岗位，已经采用虚拟人员工，引发了人工智能技术会让我们人类失业的担忧。请同学们尝试讨论并分析应对信息伦理的方法与措施。

同学们可以通过网络进一步了解国家为应对信息化带来的伦理挑战的相关举措，如《人民日报》（2019 年 7 月 12 日 9 版）刊登的《信息时代的伦理审视》，2022年 3 月中共中央办公厅、国务院办公厅印发的《关于加强科技伦理治理的意见》，从而进一步加强对自身信息伦理道德的规范和审视。

单元小结

本单元主要学习了信息素养的概念、要素，信息技术发展史，信息安全及信息伦理等内容。高校学生要自觉提升信息素养，增强自身在信息社会的适应力与创造力，对个人发展、国力增强、社会变革有着十分重大的意义。在信息社会中，信息安全不仅关乎经济发展、社会稳定、国家安全、还与每个人的隐私、财产和身心健康息息相关。我们有必要了解一些信息安全的知识、信息安全的需求，充分认识我国信息化产业自主可控对国家安全的重要意义，提高自身的信息安全意识。此外，我们还需要掌握信息伦理的相关知识，懂得如何有效地辨别虚假信息，自觉遵守相关法律法规及伦理准则，树立正确的职业理念，提高参与信息社会的责任感与行为能力，为就业和未来发展奠定基础。

课后习题

一、选择题

1. 下列选项中，不属于信息伦理涉及的问题是（　　　）。
   A. 信息私有权　　　B. 信息隐私权　　　　C. 信息产权　　　　D. 信息资源存取权
2. 信息素养的构成要素有（　　　）。
   A. 信息知识　　　　B. 信息意识　　　　　C. 信息能力　　　　D. 信息伦理与道德
3. 下列选项中，不属于第五次信息技术革命的技术是（　　　）。

    A. 5G 通信　　　　　B. 计算机网络　　　　　C. 大数据　　　　　D. 电话

4. 下列选项中，不属于具有较高信息素养的人在能力方面的突出表现的是（　　）。

    A. 信息知识的学习能力　　　　　　　　B. 信息的强化能力

    C. 信息的理解能力　　　　　　　　　　D. 信息的获取能力

5. 2017 年 6 月 1 日起《中华人民共和国网络安全法》正式实施，规定贩卖（　　）条个人信息可入罪。

    A. 50　　　　　　　B. 100　　　　　　　C. 500　　　　　　　D. 1000

二、简答题

1. 简述信息素养的概念，以及信息素养包括的要素。

2. 信息安全面临的主要威胁是什么？

3. 当代大学生良好的信息素养体现在哪些方面？

4. 第五次信息技术革命的标志是什么技术，列举我国著名的信息技术企业及主要成就。

5. 简述信息技术的"自主可控"对我国国家安全的意义，列举我国拥有知识产权的信息技术软硬件技术或产品。

学习笔记

参 考 文 献

方风波，钱亮，杨利，2021. 信息技术基础（微课版）[M]. 北京：中国铁道出版社.

郭艳华，肖若辉，陈萌，2019. 计算机基础与应用案例教程[M]. 2 版. 北京：科学出版社.

侯丽梅，赵永会，刘万辉，2019. Office 2016 办公软件高级应用实例教程[M]. 2 版. 北京：机械工业出版社.

刘云浩，2019. 物联网导论[M]. 3 版. 北京：科学出版社.

刘志东，陶丽，谢亮，2020. 高职信息技术应用项目化教程[M]. 北京：科学出版社.

眭碧霞，2021. 信息技术基础[M]. 2 版. 北京：高等教育出版社.

吴雅琴，2020. 物联网技术概论[M]. 北京：科学出版社.

徐维祥，2021. 信息技术（基础模块）[M]. 北京：高等教育出版社.